「ビジネス」や「問題解決」にそのまま使える!

なるほど!

「孫子の兵法」がイチからわかる本

現代ビジネス兵法研究会

すばる舎

あなたも『孫子』の教えを実践すれば、仕事や人生の勝ち組になれる！──はじめに

人間は、生まれてから死ぬまで、常に「競争」にさらされているといっても過言ではありません。

子どものときは、学校で少しでもいい成績をとるように親や先生に叱咤《しった》激励《げきれい》され、受験戦争をくぐり抜けなければなりません。

社会に出れば、出世競争です。あるいは、ライバル企業より少しでもいい業績を上げるように強要されます。

恋愛や結婚も同様です。ときには彼女（彼氏）をめぐって、恋のライバルとも競わなければならないかもしれません。

人生のあらゆる局面で、「競争」はついて回ります。その最大の競争が、国と国の生き残りをかけた「戦争」といえるでしょう。

この戦争における勝ち方を表したものが「兵法書」ですが、長年にわたって読み継がれ、古今東西、もっとも著名なものの一つに『孫子』があります。

『孫子』が世に出たのは、はるか２５００年も昔のこと。それなのに、『孫子』は

はじめに

長く読み継がれ、現在もなお多くの人々に愛読されています。

２５００年もの昔の兵法書が、時代を越えて、なぜこんなにも人々に愛され、読まれ続けているのでしょうか？　しかもこの平和な時代に……。

それは、『孫子』が軍事面のみならず、ビジネスにおいても、あるいはスポーツにおいても、勝利者になるために大いに役立つからです。

格差社会といわれ、ますます厳しい競争を強いられる時代になっています。

「相手を打ち負かす」「勝利する」というだけでなく、「負けない自分」「生き残る自分」のための知恵が求められています。

『孫子』は、まさにその要望にこたえてくれる書といえるでしょう。

本書を読んで、少しでも多くの人が『孫子』の兵法を理解し、仕事や人間関係、そして恋愛などに活用して、ぜひ、勝利や成功を収めていただければと思います。

２００８年９月吉日

現代ビジネス兵法研究会　紀ノ右京

なるほど！「孫子の兵法」がイチからわかる本◎もくじ

序章　『孫子』はビジネスや人生の最強の教科書だ！

第壱章 確実な『情報』を入手し情勢を先読みする

第弐章

機先を制して『交渉』を有利に進める

第参章 人を操り確実に主導権を握る

第四章 「あなたとなら！」と信頼を勝ちとる『人望力』

第伍章 難題に立ち向かって勝利する『問題解決力』

本文イラスト…………………月山きらら
本文編集、図版＆イラスト企画・構成………天府とん平

序章

『孫子』はビジネスや人生の最強の教科書だ！

1 『孫子の兵法』とは？

◎もっとも訴えたかったことは「戦わずして勝つ！」

『孫子』が著されたのは、今からおよそ２５００年ほど前の中国です。当時の中国は春秋時代の末期にあたり、数あまたの国家が中国国内にひしめき合い、国家間の戦争も絶えませんでした。

そんな中の一つに呉《ご》という国があり、そこに『孫武《そんぶ》』という一人の将軍がいました。この孫武が著した兵法書が『孫子』です。

孫子の『子』は尊称で、先生という意味にとらえていいでしょう（以下、混乱を避けるために、書物を示すときは『孫子』、人物としての孫子は『孫武』として表します）。

『孫子』は、単に戦場における戦い方だけでなく、戦う前の心得、準備のやり方を説いています。

しかし、『孫子』がもっとも訴えたかったのは、

「戦わずして勝つ」

ということだったのです。

『孫子』より前の戦争では、「勝敗は、天運によって決定づけられるもの」とされていました。

孫武は、

「戦争の勝敗には、それなりの合理的理由があるはずだ！」

と喝破《かっぱ》し、勝利への方程式を見出したのです。これをまとめ上げたのが『孫子』です。

『孫子』の文字数は、わずかに６０００字前後。４００字詰めの原稿用紙にしたためて、20枚にも満たないという少なさです。この少ない文字数の中に、勝利を得るためのエッセンス、成功を収めるためのエッセンスが凝縮されています。

『孫子』は、ただ単に戦争の戦略メカニズムを説いた指南書ではなく、現代のビジネスや人生の勝ち方を教える最高の指南書でもあるのです。

2 十三篇から成る兵法書

◎『虚実篇』までは開戦準備や組織作り、『軍争篇』からいよいよ各論に入る

『孫子』は、全十三篇から成り立ちます。

その十三篇の名は、①『始計篇』、②『作戦篇』、③『謀攻篇』、④『形篇』、⑤『勢篇』、⑥『虚実篇』、⑦『軍争篇』、⑧『九変篇』、⑨『行軍篇』、⑩『地形篇』、⑪『九地篇』、⑫『火攻篇』、⑬『用間篇』となっています。

以下、それぞれについて説明していきます。

①『始計篇』

『始計篇』（単に『計篇』ともいう）は、戦う前に心得ておくべきこと、準備しておくべきことを記しています。

『計』は、計画や計算の計ととらえてください。敵味方の戦力分析を冷静

に行い、最後まで戦い抜くための計画立案を説いています。

戦争ともなれば多大な戦費がかかり、犠牲者も多く出ます。無謀な戦いは国民を不幸にするだけです。『孫子』は、「無駄な戦争は避けるべきだ」と主張しています。

②『作戦篇』

『作戦篇』は、始計篇のいわば方法論です。戦う前に、戦費がどれだけかかり、武器や兵員についての見通しの立て方を示しています。

③『謀攻篇』

『謀攻篇』は、『謀』によって攻める、すなわち、武力ではなく「はかりごと」によって、敵を屈服させることの重要性を説いています。

政治的な駆け引きや外交における攻勢、情報操作など、自国を有利な立場に導くやり方はいくつもあります。

前述しましたが、『孫子』は、もっとも理想的な勝利の収め方を「戦わずして勝つ」こととしています。そのためには、「はかりごと」が大切だと説いています。もしも戦いが避けられなくなったとしても、「はかりごと」によって戦いを有利に進めることができます。

④『形篇』

『形篇』は、まず、戦う前に「どのような態勢を整えるべきか?」を差し示しています。形篇は『軍形篇』ともいわれるときもありますが、『形』は、まさに軍隊が取る陣形を示します。

しかし『孫子』では、具体的な陣形についての説明はなく、抽象的な論述に終始しています。精神論に偏《かたよ》っている印象も強く感じます。

⑤『勢篇』

『勢篇』も抽象的な論述で終始していますが、戦いにおける軍の『勢い』について説明がなされています。スポーツでも、勝負ごとでも、『勢い』という不思議なパワーが勝負の行方を決定づけるケースが多々ありますが、勢篇の勢は、まさにこの『勢い』です。

⑥『虚実篇』

『虚実篇』は、いかに敵の「虚を突くか」を示しています。『虚実』の『虚』はまさに「虚を突く」の虚。具体的には、敵の隙であったり、守りが手薄であったりするところです。これに対して、『実』は、防御が固く、戦力が充実しているところです。

①『始計篇』、②『作戦篇』、③『謀攻篇』は、開戦前の準備について説明し、それに続く④『形篇』、⑤『勢篇』、⑥『虚実篇』は、軍隊や組織の態勢作りについて説明しています。これらはいわば総論にあたります。これに続く⑦『軍争篇』から、いよいよ各論に入っていきます。

⑦『軍争篇』

『軍争篇』は、戦場において「軍をどうやって動かすか？」「どういった戦術、戦法を採るか?」についての具体論です。

『軍争篇』は、戦争を仕掛けて勝利をものにする方法、ここでは「相手の機先を制する」ことに重きが置かれています。「敵より先に戦いの場に到着し、準備万端で相手を迎え撃つ」というものです。

⑧『九変篇』

『九変篇』は、「軍の指揮官がさまざまな状況の変化にどう対応するべきか?」について説いています。『九変』とは、〝九種類の状況〟です。

⑨『行軍篇』

『行軍篇』は文字どおり、行軍に際しての注意点を挙げています。敵情視察の重要性も指摘しています。

⑩『地形篇』

『地形篇』は、それぞれの地形において「どのような陣形をとるべきか?」

「どのような作戦行動に出るか？」を説明しています。

⑪**『九地篇』**

『九地篇』は、九種類の土地環境で「おのおのが兵士たちの心理にどのように作用するか？」「どういう影響を与えるか？」を踏まえた上での作戦行動を説いています。

⑫**『火攻篇』**

『火攻篇』は、さらに具体的に勝利を呼び込むための策を説明しています。文字どおりの火攻めに加え、水攻めについても解説。さらに後半では、戦後処理についても説明があります。

⑬**『用間篇』**

『用間篇』の『用間』とは、間者《かんじゃ》（スパイ）の使い方、すなわち情報収集の具体的方法について触れています。

3

『孫子』を愛読していた成功者たち

◎思想は曹操や毛沢東など後の中国の支配者に確実に受け継がれた

『孫子』は、戦場における戦い方のみならず、『組織編成のあり方』や『人の動かし方』などの原理・原則についても触れています。

このため、ときを越えて、どの時代にも通用するものとなっており、長い間読み継がれてきた理由もそこにあります。歴史に名を残した多くの戦略家、軍人たちにも愛読されてきました。

例えば、『三国志』に登場する魏《ぎ》の曹操《そうそう》も『孫子』を愛読しており、本人の手による注釈書まで残っているほどです。

また、中国共産党の創始者である毛沢東も、『孫子』を愛読し、実戦に役立てました。毛沢東の戦略は『孫子』からの影響を色濃く受けています。

鄧小平理論も同じです。

洋の東西を問わず、愛読した思想家、指導者は数知れず……

日本に目を移せば、戦国武将の武田信玄が、その軍勢の旗印に、『孫子』から引用した〝風林火山〟の文言を入れていたのはよく知られている事実です。

また、日露戦争でロシアのバルチック艦隊を撃破した東郷平八郎も、『孫子』の理論を活用し、実戦に役立てました。

『孫子』を実戦に役立てた軍人は、アジアの国々だけでなく、洋の東西を問いません。

フランスの皇帝だったナポレオンも愛読し、ベトナムの指導者で、独立戦争を戦ったホー・チ・ミンも愛読していたといいます。

現代でも、例えば、１９９０年の湾岸戦争（イラクがクウェートに侵攻したのを機に始まった戦争）を現地で指揮した、アメリカ軍のノーマン・シュワルツコフ将軍（中央軍司令官）も、『孫子』から多くのことを学びとって、実戦に役立てました。

4

現代のビジネスマンも『孫子』を役立てている

◎孫子は孫氏も愛読している

2008年4月に、中国の胡錦濤《こきんとう》主席がアメリカを訪問したとき、英訳された『孫子』をジョージ・W・ブッシュ大統領にプレゼントしたのは有名な話です。

これは、『孫子』が記されて2500年を経た今でも十分に通用し、世界で広く読まれている証拠でしょう。

『孫子』を実戦で役立てているのは、軍人や政治家ばかりではありません。ビジネスマンや勝負にこだわるスポーツマンの中にも、『孫子』を愛読している人たちは多いのです。

経営者たちに「自分の仕事に役立てている本は?」というアンケートをとると、『孫子』と答える人がかなりの数にのぼります。

どの業界・業種でも、幅広く読まれている『孫子』ですが、これを大きな成功に結びつけた成功者の例として、マイクロソフト社のビル・ゲイツ会長、そして、ソフトバンクの孫正義会長が挙げられます。

両者ともに、若い頃から『孫子』を愛読し、経営に役立ててきたといいます。

経営者のみならず、多くのビジネスマンやスポーツマンが『孫子』の兵法を学び、これを仕事に活かしているのです。

◎戦場を会社に、敵をライバル会社や上司に置き換えてビジネスに活用

本書は、現代のさまざまなビジネス・シーンにあてはめて、『孫子』の教えを理解できるように書かれています。

ここに登場するビジネスマンたちの多くは、『孫子』を知らずして、結果的に『孫子の兵法』を実践しているケースがほとんどだと思います。

『孫子』がいうところの戦場を会社に置き換え、敵をライバル会社や、ときには上司や同僚に置き換えると、理解しやすいでしょう。

なお、本書では、『孫子』十三篇の①の『始計篇』から順番に紹介しているわけではなく、ビジネスにとくに必要と思われる部分を抜き出し、現代訳と解説を記しています。

第壱章

確実な『情報』を入手し情勢を先読みする

1 敵の情を知らざる者は、不仁《ふじん》の至《いた》りなり

凡《およ》そ師を興すこと十万、師を出すこと千里なれば、百姓の費《ついえ》、公家《こうけ》の奉《まかない》、日に千金を費やす。内外騒動し、道路に怠り、事を操《と》るを得ざる者、七十万家。相守ること数年にして、以《もっ》て一日の勝を争う。而《しか》るに爵禄《しゃくろく》百金を愛《お》しんで敵の情を知らざる者は、不仁《ふじん》の至《いた》りなり。（用間篇）

現代訳

十万もの軍隊を編成し、千里先の敵国に侵攻するとなると、民衆の負担や国家の支出は一日に千金ともなる。国の内外で大騒ぎとなり、物資輸送に駆り出された多くの民衆が輸送路で疲れ果てて、農業に従事できなくなる者が七十万にも達する。

このような苦しい状態で数年にもわたって睨み合った挙句、たった一日の戦いで勝敗が決してしまうのだ。それなのに間諜《かんちょう》（スパイ）に官位や俸禄や賞金を与えることを惜しんで、敵情を探ろうとしないのは、民衆の苦しみを無にしてしまう。

役立つ情報は意外なところに落ちている

◆女性はトイレで重要な情報交換をしている!?

孫子は、スパイを使っての情報収集が戦いにとって大きな役割を果たすと強調しています。

ビジネスでも、ライバル会社やマーケットの動向を探る情報収集は、最重要課題となります。

女性向けファッション用品を扱うA社での話。あるとき社長がトイレで小用をすませ手を洗っていると、女子トイレから女性たちの声が聞こえてきました。会話はオシャレや彼氏の話題など他愛もないものですが、社長は「そうか、若い女性たちはトイレで情報交換をするのか……」と思いを巡らせます。

すぐに女性アルバイトを雇い、女子トイレでの会話をメモさせました。こうして集めた井戸端ならぬ「トイレ会議」メモから若い女性たちの興味を探り、商品開発に大いに役立てたのです。

【ある取引先に出向いて…】

ヤ、ヤバイ
便意をもよおした…
ちょっと失礼
エ～、
ホントに～
ウチの会社、業績悪化で本社ビルを売却するらしいよ。
それとね……
ウ、ウソ～ッ
A社ってそんなに業績がヤバかったの!!
こんな仕事
もうイヤッ!

思わぬところで取引先のシークレット情報をつかみ、上司に大いに感謝された彼女だったが…

今度は別の会社のトイレで張り込みを命じられたのでした

2 兵法は、一に曰く度、二に曰く量、三に曰く数

兵法は、一に曰《いわ》く度《たく》、二に曰く量《りょう》、三に曰く数《すう》、四に曰く称《しょう》、五に曰く勝《しょう》。地は度を生じ、度は数を生じ、数は称を生じ、称は勝を生ず。（軍形篇）

現代訳

戦時においては、次の五点が重要になってくる。
一　物差しで距離を測ること＝度
二　物量を升目で量ること＝量
三　兵士の数を計ること＝数
四　敵と自軍とでこれらを比較すること＝称
五　それによって勝算を読むこと＝勝

勝つか負けるかを冷静に分析する

◆新事業を起したり新しい拠点に進出するときは必須

戦争においては、戦力の比較検討が、戦略において非常に重要になってきます。

例えば、敵、味方の兵士の数や武器の性能、数量、そして、それを支える国力など。これらを見誤ると、国の進むべき道を間違うこととなります。

太平洋戦争（第二次世界大戦）を振り返っても、アメリカと日本の工業力を含めた国力を冷静に分析し、考え合わせると、日本の勝ち目は薄いものでした。

軍部や為政者たちがこの事実に目をつぶったことで、大いなる不幸が日本国民に押し付けられることとなったのです。

ビジネスでも、まったく同じことがいえます。新しいビジネスを起こそうとするときや、新しい拠点に進出するときなど、必ず〝勝算〟を検討しなければいけません。「なんとかなるさ」などと行き当たりばったりで始めるなどは愚の骨頂。

マーケティングや社員数、資金力といった

「戦力」を冷静に分析することです。その上で、勝ち目があるとわかったら行動を起こします。

企業の活動方針や営業活動の方向性を決定づけるのは、マーケット調査であり、その調査データは「作戦立案」のもとになります。

ただし、データが間違っていたり、恣意的《しい》に歪《ゆが》められていたりするようでは、正しい計画・作戦は立てられません。

◆正確な調査データでなければ意味がない

採算を度外視した経済活動は、民間企業ではありえないことですが、公共事業では採算ばかりにとらわれていては、国民のためになりません。

しかし、世の中には、まったく不要と思われる公共事業が溢れかえっています。

とくに、「ハコモノ」といわれる公共事業。ほかにも、整備新幹線や地方空港、〝釣堀〟と揶揄《やゆ》される堤防……。

すべてが不要で税金の無駄遣いとは言い切れませんが、疑問が多いのも事実です。

これまでの公共事業を決定づける需要予測に、大きな見込み違いがあったことが露見しています。この予測は〝恣意的〟に作成されているという疑念もあります。

つまり、正確な需要を予測するというより、最初から公共事業が行われるという結論があって、その必要性を強調するため、あえて需要予測を歪めているというのです。

正確なデータを積み重ねた上で、「必要な活動なのかどうか？」「採算性がある事業なのかどうか？」を検討しなければなりません。

このような視点から、国民は税金の使われ方に対して、もっと厳しくチェックしていきたいものです。

3 故にこれを策《はか》りて得失の計を知る

故にこれを策《はか》りて得失の計を知り、これを作《おこ》して動静の理を知り、これを形《あらわ》して、死生の地を知り、これに角れて有余不足の処を知る。（虚実篇）

現代訳

敵がどのような意図を持っているのか、見抜くようにする。

利害損得を目算し、さらに、敵に揺さぶりをかけて敵の出方を伺い、次にどう出てくるか手の内を探るようにする。

敵の態勢を知りえた上で、負けてしまう地勢、負けない地勢を把握し、敵と小競り合い程度で交戦してみて、守りが堅固なところと守りが手薄なところをあぶり出す。

相手が次にどう出るかを先読みする

◆野村監督の「ID野球」誕生秘話

「ID野球」の先駆者である野村克也さん（現・東北楽天ゴールデンイーグルス監督）に、直接、そのデータ重視野球の根源を伺ったことがありました。

野村さんが選手として1954年に南海ホークス（当時）に入団した頃は、まだデータを駆使するような野球は存在しませんでした。

野村さんが入団したその年に、鶴岡一人《かずと》監督が、はじめて「スコアラー」（野球において、試合経過や得点を記録する人物。単に試合の記録を行うだけではなく、対戦チームを視察し、相手バッターやピッチャーの情報を入手して調査・分析を行う）を採用したほどです。

それでも、バッティングに悩んだ野村さんが鶴岡監督に教えを請うたとき、

「そんなもん、ボールがホームの上にきたら、

打てばいいんや！」

という答えが返ってきたといいます。

◆野球の神様の言葉に注目し、活路を見出す

悩み抜いた野村さんは、大リーガーの名選手テッド・ウィリアムス（ボストン・レッドソックスに在籍し、メジャーリーグで三冠王を2度獲得。1941年には打率4割超えを達成。打撃の神様と呼ばれている）が書いた打撃論の本を読みあさります。

そこに書いてあった、

「ピッチャーは投げる前に、投げる球種を決めている……」

という一文に注目。

ピッチャーが、球種を決めてからピッチングの動作に入るのは当たり前ですが、そこに大いなるヒントを見出したのです。

野村さんは考えます。

「ピッチャーがボールを投げる前に、直球か変化球か、どんな球種を投げるのかがわかれば、打つのはたやすくなる……」

その後、野村さんはピッチャーの投球モーションを徹底的に研究します。そして、相手ピッチャーのわずかなクセから投げる球種を読み取り、野村さんは打撃に開眼。

その後はご存知のとおり、三冠王（1965年戦後初）を獲得するほどの、球界随一のスラッガーに成長していったのです。

「敵の出方を探る」という戦略に活路を見出した、野村さんの大勝利でした。

◆上司の一挙手一投足を見てその日の機嫌を判断する

上場企業に就職した斉藤明さん（仮名）は、気難しい上司のもとに配属されます。

その上司は、仕事ぶりは優秀で、会社からも一目置かれる存在でしたが、何しろ気分屋で、部下どころか会社側も気を遣うほどです。

しかし、斉藤さんは、こんな〝厄介な上司〟に見事に仕えます。

斎藤さんは、その上司の行動の一挙手一投足を観察し、上司のそのときの気分を巧みに読み取ったのです。

一例を挙げると、部屋に入ってくる上司の足音一つで、そのときの上司の精神状態まで見抜いたといいます。

企画を提案するときや、仕事の進捗《しんちょく》状況を報告するときなど上司に接するときは、なるべく機嫌がいいときを狙います。

そんな斉藤さんを、周囲は「おべっか使い」と冷ややかな目で見ていましたが、斉藤さん本人は気にも留めません。

◆業界重鎮の右腕としてビジネスマン人生を全うする

後年、斉藤さんはこう語ります。

「部下は、上司が少しでも気分よく仕事をしてくれるように行動するのがいい。これは、私個人が評価されるということより、会社全体の業績にプラスになると思ったからだ」

常に気分がいいときに接してくる斉藤さんを、その上司は「かわいい奴」と評価します。

「気分をよくしてくれる」というのではなく、「気分がいいときに、いつもアイツがいる」という単純な構図ですが、これが奏功。

斉藤さんは、終生その上司に仕え、会社のみならず、業界の重鎮となったその人の貴重な右腕として活躍したのです。

上司
朝方はいつも
機嫌が悪い
タバコばかり
吸っている
イライラ
部課長会議
の前後
ピンボー
ゆすりが
ひどい
ジ〜ッと
観察

上司の機嫌が悪いときの打合せは避ける

相手の調子やクセ、出方がわかれば、作戦が立てやすくなり、仕事が効率よく進む

4 衆樹の動くものは、来るなり

衆樹の動くものは、来るなり。衆草の障《さわり》多きものは、疑なり。鳥の起つものは伏《ふく》なり。獣の駭《おどろ》くものは覆《ふく》なり。塵《ちり》高くして鋭きものは、車の来るなり。卑くして広きものは徒の来るなり。散じて条達《じょうたつ》するものは、樵採《しょうさい》なり。少なくして往来するものは軍を営むなり。（行軍篇）

現代訳

多くの立木がざわめいて動くのは、敵軍が前進している。

草むらに遮蔽物《しゃへいぶつ》が置かれているのは、伏兵がいると疑わせようとしている。

鳥が飛び立つのは、伏兵が潜んでいる。

獣が驚いて飛び出てくるのは、敵の奇襲攻撃を示している。

砂塵が高く舞い上がって、その先端が鋭く尖っているのは、戦車が進撃している。

砂塵が低く垂れ込めて横に広がっているのは、歩兵が近づいている。

塵があちこちに上がっているのは、薪を集めている。

わずかな砂塵があちこちに上がっているのは、敵が陣を設営している。

情報は詳細かつ多角的に入手し分析する

◆得意先近所の食堂で得たふとした情報

印刷会社の営業マン、伊藤修一さん（仮名）の経験です。外回りが多い彼は、食事も外ですませることが多くなります。

ある得意先を回ったときのことです。すでに夜7時を回っていて、得意先近くの食堂で夕食をすませることにしました。

よく顔を出す食堂ですが、ここ最近、客足が減っているようです。伊藤さんは、何気なく食堂のオバちゃんに尋ねました。

「最近、お客さんが減っているんじゃないの？」

「そうなのよ～」

とオバちゃん。そして、眉間にシワを寄せて硬い表情で、伊藤さんの得意先の会社名を挙げながら話します。

「そこの会社のお客さんが少なくなったのよ。残業代が大幅にカットされて……。

しかも、夜食の補助金や深夜帰宅のタクシー代も出なくなったとかで、みんな早く帰るようになっちゃって。みんな会社に対してブツブツ愚痴を言っていたわ。

夜食によく利用してくれる社員さんが多かっただけに、本当に困っちゃうわよ」

伊藤さんは、その話を何かのついでに上司に伝えました。

それを聞いた上司は、ハッとした表情になり、すぐに役員のもとに飛んでいきました。

「何かマズイことを言ったかな……」

伊藤さんは不安に駆られます。

その後、伊藤さんの会社では、その得意先に対する取引条件を変更します。

伊藤さんの話に〝悪い予感〟を感じた上司と経営陣の判断によるものでした。

「万が一」に備えての対策でしたが、数カ月後にその〝悪い予感〟が的中してしまいます。得意先が倒産してしまったのです。

でも、伊藤さんの情報で、会社は被害を最小限に抑えることができたのです。

後日、伊藤さんは、

「お前が食堂のオバちゃんから得てきた情報が、大いに役に立った。経営陣もホッとしている。ありがとう」

と上司にほめられたそうです。

しかし、実のところ伊藤さんは、オバちゃんとの何気ない会話で、はじめのうちはさして深刻に受け止めていなかったといいます。

上司にほめられてはじめてことの重大性を知り、それと同時に、

「情報というのは、いろいろなところに落ちているんだな……」

と身をもって知り、気を引きしめたといいます。

どんなに小さな情報でも、ライバル企業や取引先企業の内情を知ることができれば、ビジネスは大いに有利に働くのです。

◆敵もさるもの。ワザと誤報を流すケースも……

情報の重要性は、例えば、株式投資などでも同じことがいえます。

投資を考えている企業の業績が、この先よくなるようであれば投資するでしょうし、不安があるようなら控えるはずです。

その投資判断のもとになるのが「情報」です。

「企業の経営状態がいいのか、悪いのか？」「新製品の売れ行きが好調のようだ」といった直接的な情報のほかに、
●「新卒の採用人員が大幅に増えた」
●「テレビCMをよく流すようになった」
●「マスコミでよく取り上げられるようになった」
といった情報も大いに役に立ちます。

しかし、ここで注意しなければならないのは、これらの情報は多角的に検討しなければ、〝真実〟はなかなか把握できないということです。

大量に新卒を採用して業績が好調のように見せかけて、採用された人たちが就職する前に、倒産してしまったケースもありました。

「戦場では、敵の目をくらませろ」と孫子は教えていますが、これは、ビジネス現場でも決して稀《まれ》なケースではないのです。

【取引先と今後も付き合うか…？】

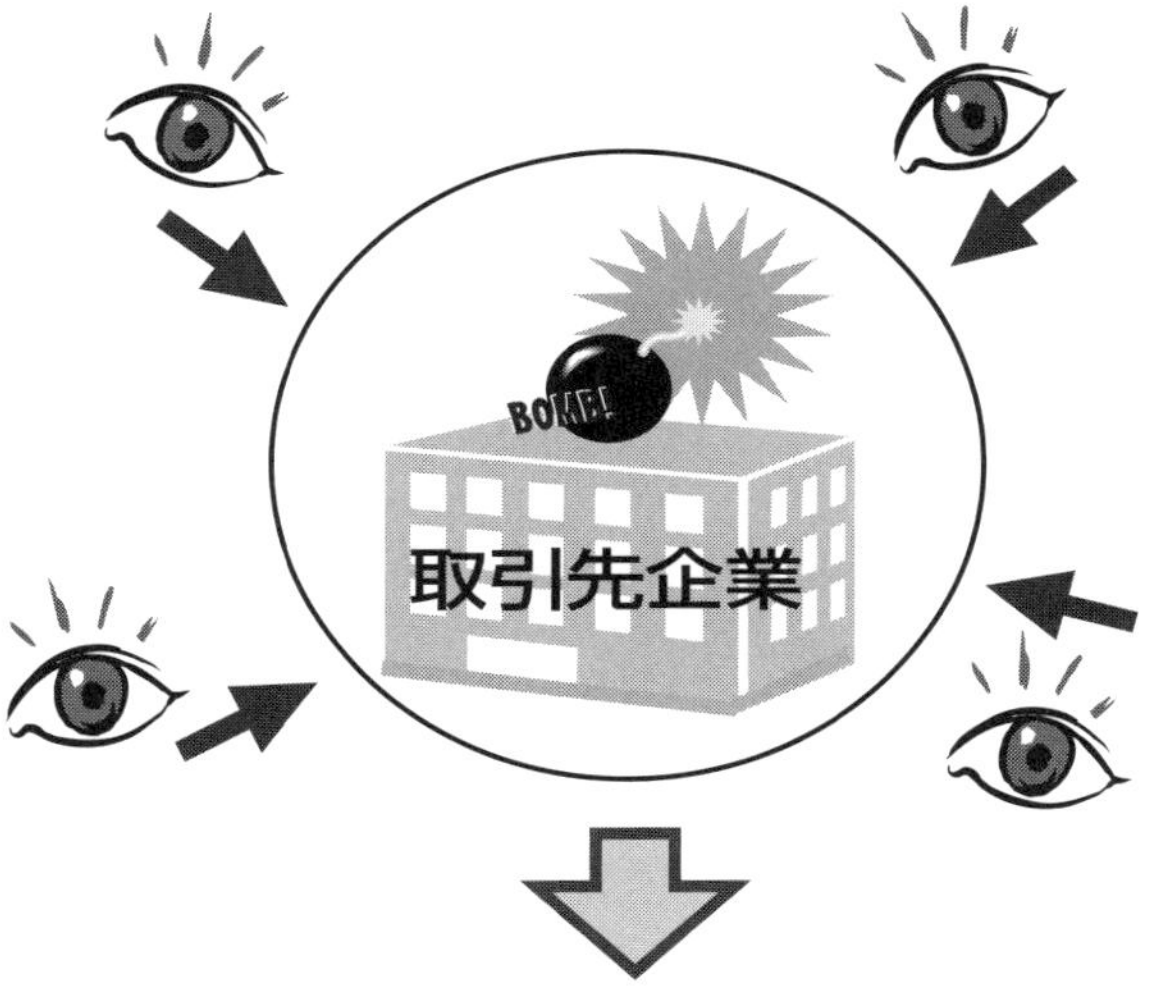

- ●決算書を取り寄せて調査する
- ●広告宣伝費が大幅に落ちていないか?
- ●新入社員や離職者の出入りを調査する
- ●所有する資産を売却していないか?
- ●近所の食堂のオバちゃん情報
- ●上記の情報そのものがデマではないか?…etc.

情報は多角的な見地から入手し、その情報が「真実」かも含めて検討する

5 生間なる者は返り報ずるなり

故に間を用いるに五あり。因間《いんかん》あり、内間《ないかん》あり、反間《はんかん》あり、死間《しかん》あり、生間《せいかん》あり。五間倶に起こって、その道を知ること莫《な》く、是《これ》を神紀《しんき》と謂《い》う。人君の宝なり。因間なる者は、其の郷人《きょうじん》に因りてこれを用うるなり。内間なる者は、其の官人に因りてこれを用うるなり。反間なる者は、その敵間に因りてこれを用うる。死間なる者は、誑事《きょうじ》を外に為し、吾が間をしてこれを知って敵に伝うるの間なり。生間なる者は返り報ずるなり。（用間篇）

現代訳

間諜《かんちょう》を使うには、「因間」「内間」「反間」「死間」「生間」の五種類のやり方がある。

この間諜たちは、それぞれ諜報活動を行いながら、お互いに相手の行動内容を知らないようにするのが巧妙なやり方で、主君にとっても宝といえよう。

「因間」とは、敵方の民間人を使って諜報活動を行う。

「内間」とは、敵方の官僚を使って諜報活動を行う。

「反間」とは、敵方の間諜を逆に利用して、諜報活動を行う。

「死間」とは、配下の間諜を使って、偽りの情報を敵方にうまく流すようにする。

「生間」とは、敵国に侵入しては情報を集めて生還し、これを繰り返す。

口が堅い人間がいちばん信用できる

◆口の軽い人間を有効活用する方法

ある社長にインタビューしたときのことです。部下の話題となり、信頼できる部下の条件について尋ねました。

その社長は、第一の条件に「口が堅いこと」を挙げました。口が軽い部下がいると、重要な情報が敵方に筒抜けになってしまうからです。

そこで私は、次の質問を畳みかけました。

「では、部下は口が堅い人間で固めて、口が軽い人間は、自分の周りから排除するのですね？」

すると社長はニヤッと笑いながら、

「いや、そうでもないです。口が軽くて無能な人間でも、いろいろと使い方はあるんですよ……」

と、興味深い話をしてくれました。

まだその社長が部長だった頃、コネで得意先の息子が入社してきて面倒を見ることになりました。

悪い人間ではなかったのですが、社内情勢も読めない男で、しかもお調子者。部署の内部事情をあちこちで漏らすのには参ったとのこと。それこそ、敵対している〝派閥〟にまで気軽に出入りしては、お調子者ぶりを発揮していました。

さすがに部署内でも、同僚たちには疎《うと》んじられるようになります。しかし部長（当時）は、ほかの部下が反発するのを承知で可愛がります。でも、この〝可愛がる〟というのはあくまで表面上のことで、決して信頼していなかったのです。

表面上可愛がっていたのは、利用価値があったからです。敵方に気軽に顔を出すその部下から、さり気なく敵情を聞き出すのは日常茶飯事。

ときには、虚偽の情報をその部下に伝え、敵方を攪乱《かくらん》することにも利用しました。

中でも効果てき面だったのは「自分たちの部署が、大手企業からスカウトされている」という虚偽の情報を流したときです。

その部下は、有名企業からスカウト話があることに興奮して、社内のあちこちで漏らします。

慌てたのは会社です。それをまともに受け止めたわけではないでしょうが、万が一でもそんな事態になっては一大事。部署に対する待遇がよくなったといいます。

その社長が、その部下を使って敵対する派閥の情報を集めたのは、孫子が言う「生間」であり、自らの虚偽情報を流したのは、「死間」と言えるでしょう。

6

仁義に非ざれば間を用うること能わず

故に三軍で、間より親しくは莫《な》く、賞では間より厚きは莫く、事は間より密なるは莫し。聖智《せいち》に非ざれば間を用うること能わず。仁義に非ざれば間を用うることを能わず。微妙に非ざれば間の実《じつ》を得ることを能わず。微なるかな、微なるかな。間を用いざる所なし。間の事未だ発せざるにして而《しか》も先に聞こゆれば、間と告ぐる所の者とは皆死す。（用間篇）

現代訳

すべての軍で、君主や将軍との親密さにおいて、間諜より親しいものはない。

恩賞は、間諜に与えられるものがもっとも厚い。軍事行動において、間諜の扱いほど秘密裏に進められるものはない。

君主や将軍が優れた才智の持ち主でなければ、間諜がもたらす情報を役立てることは決してできない。

深い情がなければ、間諜を思いどおりに動かすことはできない。

機微がわからなければ、間諜がもたらす情報を読み解くことはできない。

何とも微妙で奥深いことか。

軍事面において、間諜を使わないことはないのである。

優良情報を持ってくる者ほど大切にせよ

◆情報は入手だけでなく漏洩にも気を配る

ビジネスにおける情報戦には、すさまじいものがあります。

しかし、さすがに情報スパイを使って、ライバル会社の内情を得ようという事件には、めったにお目にかかるものではありません。

スパイ行為そのものが非合法であるケースが多いことや、スパイ活動が秘密裏に行われるため、表に出ないのかもしれません。

かつて、大手消費者金融会社のトップが、自社に対して批判的な記事を書くジャーナリストの自宅や事務所の電話器に、盗聴器を仕掛けるよう指示したとして逮捕される事件がありました。

一部上場企業のトップ自らが盗聴を指示していたことに、多くの人たちが驚きや違和感を抱いたものですが、孫子のこの教えを読めば、その行動も理解できるというものです。

それだけ、情報が企業やビジネスマンの生死を左右するほど重要な存在であることの証左であるのかもしれません。

盗聴やスパイ行為は法に触れることだけに、情報入手活動には、その点も気をつけなければなりません。

しかし、逆の見方をすれば、こちらの情報を敵方に盗まれないようにすることも、大変重要になってきます。

次項でも詳しく触れますが、日本はスパイ天国と揶揄《やゆ》されるほどガードが甘く、これは、日本の企業体質にも問題があります。

「相手はそんな悪いことはしない」という〝性善説〟のもと、情報漏洩《ろうえい》に対するリスクマネジメントが、甘いような気がしてなりません。

自衛隊内でも軍事機密が容易に漏洩し、関係の深いアメリカからの信用も失っているというのが現状です。

◆情報誌の特集ネタがライバル誌に筒抜け？

熾烈なスパイ合戦が、ときにはビジネス現場でもありえるという、大手企業で行われた諜報活動の一端を紹介します（なお、本事例は「被害者側」の企業の人間の推測であり、裏づけも取れていないので、あくまで、「こういう話もありえる」というレベルでお読みください）。

新興の大手情報産業A社は、カリスマ会長が学生時代に起業し、またたく間に規模を拡大して大企業に成長し、その会長はマスコミでももてはやされている存在でした。

このA社が発行する住宅情報誌に対抗して、大手新聞社B社が住宅情報誌を発行します。そのB社の住宅情報誌のある編集者は、「確かな証拠がある、というわけではないのですが……」と前置きした上で、

「A社にスパイ行為をされていました！」

と言い切ります。

「うちの情報誌が特集記事を組んで発売します。ところが、その何日か前に発売されるA社の情報誌に、その特集記事とまったく同じ内容の記事が掲載されているんです。

それではとばかりに、〝これならA社と記事が重複しないだろう〟というような変わった企画を特集するのですが、それでもうちより前に発売されるA社の情報誌に、同じような内容の記事が掲載されていました」

◆情報入手は法令遵守で！

B社には、A社から転職してくる社員も多く、住宅情報誌の編集部やその関連部署に3人もいて、当然、その社員たちに疑惑の目が向けられます。

しかし、何も証拠がないため、手の打ちようがありません。

社内が疑心暗鬼の空気に包まれ、社員たちのモチベーションにも悪影響が及んだことは、想像に難くありません。

あえなくB社の住宅情報誌は、わずか3年間で消えてなくなります。

同僚に
産業スパイが…
コンセントに
盗聴器
隠しカメラ
夜中に不法侵入
電話に盗聴器
パソコン
情報ハッカー
FAX&コピー
FAX&コピー機の
データ漏洩

情報漏洩に対する リスクマネジメントが甘いニッポン

A社がスパイ行為を働いていたかどうかは定かではありません。

しかし、A社のカリスマ会長は、B社が住宅情報誌を発刊してからというもの、毎週月曜朝には社員たちとともに、「B社を倒すぞ～！」とシュプレヒコールを上げていたといいます。

また、「21世紀に情報産業で生き残るのは、NHKと朝日新聞とウチだけだ！」と豪語していたとも伝えられています。

強い自負心が思い上がりにつながり、〝スパイ行為〟に走らせたのかもしれません。

その後、カリスマ会長は、戦後最大級の疑獄事件の中心人物として、ビジネスの表舞台から姿を消します。

戦争とは異なり、ビジネスはコンプライアンス（法令遵守）が鉄則です。情報収集でも、このことは肝に銘じておきたいところです。

7

吾が間をして必ずこれを索《もと》めてこれを知らしむ

凡《およ》そ軍の撃たんと欲する所、城の攻めんと欲する所、人の殺さんと欲する所は、必ず先ず其の守将《しゅしょう》、左右、謁者《えっしゃ》、門者、舎人の姓名を知り、吾が間をして必ずこれを索《もと》めてこれを知らしむ。
敵間の来たりて我れを間する者を集め、因《よ》りてこれを利し、導きてこれを舎《とど》め、故に反間を得て用うべきなり。（用間篇）

現代訳

攻撃したいと考えている敵軍、攻撃したいと考えている城、殺したいと考えている人物について、あらかじめそこを守る将軍、側近、取り次ぐ者、門番、雑役につく役人の姓名を知り、それらの人物についての情報を、間諜《かんちょう》に集めさせなくてはならない。
また、こちらの情報を探りにやってきた敵の間諜は必ず見つけ出し、その間諜に利益を与えて、誘い込んでこちらに服従させるようにする。
こうして、反間として使うようにする。

相手の諜報活動から身を守るには？

◆女性問題をネタに恫喝される「ハニートラップ」

自分たちが敵の情報を欲しがっているように、敵もこちらの情報を欲しがっていることをわきまえておかなければなりません。敵の諜報《ちょうほう》活動にも配慮が必要というわけです。

スパイ天国と揶揄《やゆ》される日本は、島国で、長い間平和が続いていたためか、「敵」の諜報行為に対して、まったくガードが甘いようです。

その一例が、２００４年に起こった上海領事館員自殺事件です。

中国・上海の日本領事館に勤務する電信官が、自殺を遂げたのです。

この事件はしばらくひた隠しにされていましたが、翌年に週刊誌のスクープで明るみに出ました。

電信官は、上海領事館と日本国内にある外務省本省とで交わされる暗号電信を担当します。つまり、機密情報を扱い、当然、暗号解読システムにも精通していました。

単身赴任していたこの電信官は、同僚と息抜きに上海市内にあるクラブに遊びに行きますが、そこで知り合ったホステスと親密になります。

このクラブが中国公安局に摘発された後、中国情報機関の工作員が、ホステスを介して電信官に接触してきました。

そして、「女性問題」をネタに恫喝《どうかつ》され、情報提供を求めてきたのです。

◆「ハニートラップ」に騙されるのはおよそ日本人だけ

ホステスがもともと工作員だったのか、電信官と親しくなった後で中国情報機関に協力するようになったのかは不明ですが、女性問題を使って外交官や政治家を強請《ゆす》る手口は、「ハニートラップ」と言われます。

強請られた電信官は一人、思い悩んだ末、首吊り自殺を遂げてしまいます。

ハニートラップは、旧ソ連など共産圏の国でよく使われた諜報手段ですが、国家の諜報活動で使われるのは、もうほとんどないといいます。

このような手口に引っ掛かるのは、およそ日本人だけ。

なぜなら、諸外国はこのようなスパイ行為に対抗するため、防諜システムを確立させていますが、日本にはこれが存在しないのです。

共産圏のハニートラップに対して、欧米諸国では、すでに60年代には防諜システムを確立させています。

ハニートラップに引っ掛かった要人は、防諜担当の情報セキュリティに連絡します。

連絡を受けた情報セキュリティは、このハニートラップをスキャンダル扱いにすることなく、公表することもなく、今後の指示を出します。

例えば、相手が欲しがっている情報は何かを探り出し、ときには差し支えない範囲で情報を渡すこともあります。

相手を信用させた上で、ここいちばんの局面でニセ情報を流すことも画策します。

日本は国家機密を守らなければならないという意識が薄く、防諜システムが未熟だったことは否めません。

さらに問題なのは、外務省がこの事件を闇に葬ろうとしたことです。

週刊誌がスクープしなければ、中国の卑劣な諜報活動は明るみに出ませんでした。

ハニートラップに引っ掛かった電信官は、付け入られる隙があったのは事実でしょう。

とはいえ、中国側の恫喝に負けて国家機密を渡すようなことをせず、命と引き換えに中国の暴挙を暴いたのです。

外務省は、その電信官の行為すら無にしようとしたのです。

外務省の無責任体質と防諜システムの不備のせいで、電信官は命を落とし、危うく国家の重大損失を招くところでした。

◆「ハニートラップ」に引っ掛かりやすい人とは?

ハニートラップに引っ掛かるのは、外交官や政治家だけではありません。

商社マンやメーカーの駐在員も狙われ、機密情報の提供を求められるということです。

今度ご一緒に
お食事でも…
デレデレ〜
喜んで…
隠れて
ウィスキーに
媚薬を入れる
美人ホステス

**狙われやすいのは、政府要人、会社役員、
秘密情報を得られるシステムエンジニア…etc.**

政治家の場合は、ハニートラップに引っ掛かっても、その場で情報提供を求められるようなことはまずありません。

帰国する際、空港でさり気なく、隠し撮りされた写真やビデオが入った封筒を手渡されるケースが多いようです。

弱みを握られてしまった政治家は、敵の思いどおりに動かざるをえないという仕組みになっているのです。

◆贈答攻撃で暗黙に見返りを要求する

一般のビジネスマンには無縁の話と思われるかもしれませんが、必ずしもそうではありません。日本にはお中元やお歳暮といった独特の贈答文化がまだまだ根付いています。

過剰な贈答品や過剰な接待には、見返りを要求する暗黙の圧力が込められているものです。

8 兵を為《な》すの事は、敵の意を順詳《じゅんしょう》するに在り

故に兵を為すの事は、敵の意を順詳《じゅんしょう》するに在り。敵に并《あわ》せて一に向かい、千里にして将を殺す、此れを巧みに能く事を成す者と謂《い》うなり。（九地篇）

現代訳

戦争を行うにあたって重要なことは、敵の立場に立ってその意図を把握し、術中に陥ったふりをして調子を合わせることである。

敵の行動に合わせて遭遇する目的地を定め、行動すれば、千里も離れた地点で敵将を討ち取ることも可能になる。

相手の立場に立って意図や出方を先読みする

◆相手の出方がわかれば強気に交渉できる

戦争においては、敵の意図や出方を察知することが肝要です。

そのため、諜報活動を行い、さまざまなデータを分析し、情報として役立てます。敵の動向がわかれば、先回りして防御を固めたり、待ち伏せして迎撃したりすることもできます。

敵の意図を探るには、敵の立場に立って物事を考えることが重要です。

●「今、自分が相手の立場だったらどのような心境になるか？」

●「どのように戦況が映るか？」

というふうに、視点を変えることです。

これを徹底すれば、自分だけの視点からでは、決して見えないものが見えてきます。

これは、ビジネスでも、人間関係でも同じことがいえます。うまく人間関係が築けない人は、自分中心にしか世の中を見ることができないところに、大きな原因があります。

いわゆる「空気が読めない」というのは、自己中心的で視野が狭いため、自分が置かれた立場がわかっていないのです。

常に相手を意識し、相手の意図がわかれば、自分がどう行動すれば有利になるか読めてきます。

ビジネスでも、例えばライバル企業がどのような商品を開発し、どのような販売戦略を立てようとしているのか、どこに支店を出そうとしているのかが把握できれば、先回りして対策を立てられます。

◆交渉が決裂して困るのはどちらか見極める

相手の意図を探る重要性が如実に現れるのが、交渉の場においてです。

まず、交渉に臨むにあたっては、自分と相手の立場をよく理解しておかなければなりません。

立場が強い方がより強気な態度で臨むことができ、立場が弱ければ下手の態度に出て、相手の譲歩を引き出すようにしなければなりません。

「立場が強い＝交渉の主導権を握っている」ということになりますが、これを見誤ると、有利な立場にあるにもかかわらず、不利な交渉をしてしまいかねません。

◆ある土地取引の攻防模様

例えば、ある土地の購入を巡って、土地の所有者であるA社と、その土地の購入を希望するB社が交渉を開始したとします。

この交渉にあたっては、

①「A社がどうしても土地を売りたいのか？」

②「B社がどうしても土地を買いたいのか？」

によって、主導権をどちらが握るか違ってきます。①ならB社の立場が強くなり、②ならA社の立場が強くなります。

つまり、「交渉が決裂して困るのはどちらか?」を見極めることです。

ここでA社としては、「土地の評価額はいくらなのか?」という情報のほかに、

●「なぜ、B社は土地を欲しがっているのか?」

●「B社がこの土地を買うにあたって、最大、どれくらいの資金を投入するつもりなのか?」

●「ほかに購入候補の土地はあるのか?」

といった情報が有用になります。

一方、B社としては、

●「なぜ、A社は土地を売ろうとしているのか?」

●「A社が土地を手放すにあたって、最低、いくらなら手放すか?」

●「ほかに購入を希望している企業はあるのか?」

といった情報が有用になるわけです。

主導権がどちらにあるにしても、これらの情報を握った方が、より有利になります。また、状況によっては、交渉の主導権が移ることもあります。

この土地売買の交渉ケースでいうと、B社が「この価格で買いたい」と提示した金額より高額で土地を購入すると申し出た企業が現われたとしたら、A社の立場は強くなり、B社はたちまち不利になってしまいます。

◆虚実が入り乱れる情報戦

この土地売買のような状況に置かれた正木敏明さん（仮名）は、購入する側（B社）の担当者でした。

自社の倉庫用の土地を物色していたところ、仲介業者からA社を紹介されたのです。

正木さんは、仲介業者とA社と入念に打ち合

わせおよび交渉を行い、あとは価格面で折り合いがつけばというところまで詰めますが、最後の溝がどうしても埋まりません。

A社の提示する価格と折り合わず、何とか値引きしたいところなのですが、A社が応じようとしないのです。その裏で、ほかの候補地も物色していますが、どこも立地条件でA社の物件にはかないません。

しかし、「何とか主導権を握りたい」と思う正木さんは、立地条件で見劣りしますが、別件での土地購入も視野に入れます。

そのとき仲介業者から、

「他社からA社に土地購入のオファーがあったようだ」

という話を聞きます。正木さんは慌てて社内で会議を開きます。

「土地購入のオファーがあったというのは、ブラフ（ハッタリ）だ。強気の交渉を続けるべきだ」

「いや、もともとA社の提示価格は想定内だから、先方の言い値で妥協してもいい」

とさまざまな意見が交錯します。正木さんはその場で結論を出さず、様子を見ることにしました。正木さんには思い当たることがあったからです。

◆相手担当者の行動でハッタリを見破る

何度も購入予定のA社の土地に足を運び、その真向かいで商店をやっているオバさんに、話を聞いたのです。

「あの土地を、私たち以外で見に来た人がいませんでしたか？」

「さあ、気がつかなかったね」

さらに、最近A社の担当者に電話しても、ほとんど社内にいたこと、A社との交渉は、A社内でほとんど行っていたことを思い出しました。

「ほかに購入希望者がいたら、担当者はそんなに会社内にいられないはずだ……」

さらに、情報を収集するうちに、不確実ですが、「A社は表向きほど経営が思わしくないのでは？」という情報も入手します。

「間違いない。ほかに土地購入のオファーがあるというのは、ハッタリだ。A社はとにかく現金を欲しがっている……」

こう結論づけた正木さんは、最後の交渉に臨みます。正木さんは、最初にカマをかけました。

「あの土地を買いたいという業者が、ほかにもあるんですってね？」

正木さんは、A社の担当者の目が一瞬泳いだのを見逃しませんでした。

「え、ええ。まあ、そういう話も実のところありますね……」

と、曖昧《あいまい》に答えるA社担当者。

「申し訳ありませんが、当社としては、先日提示しました金額が精一杯のところです。この条件を呑んでいただけないのなら、諦めます」

正木さんはキッパリと答えます。

戸惑いの表情を浮かべたA社担当者から、正木さんサイドが提示した条件で譲渡するとの返事があったのは、それから数日後のことでした。

正木さんの勝利は、

①「相手がどうしても土地を売って、現金を欲しがっている」という情報を得たこと

②交渉が決裂しても、ほかの代替地を確保していたこと

この2点がポイントになります。

この2点で交渉の主導権を握れると確信し、強気の態度を取ることができたのです。

交渉＆商談

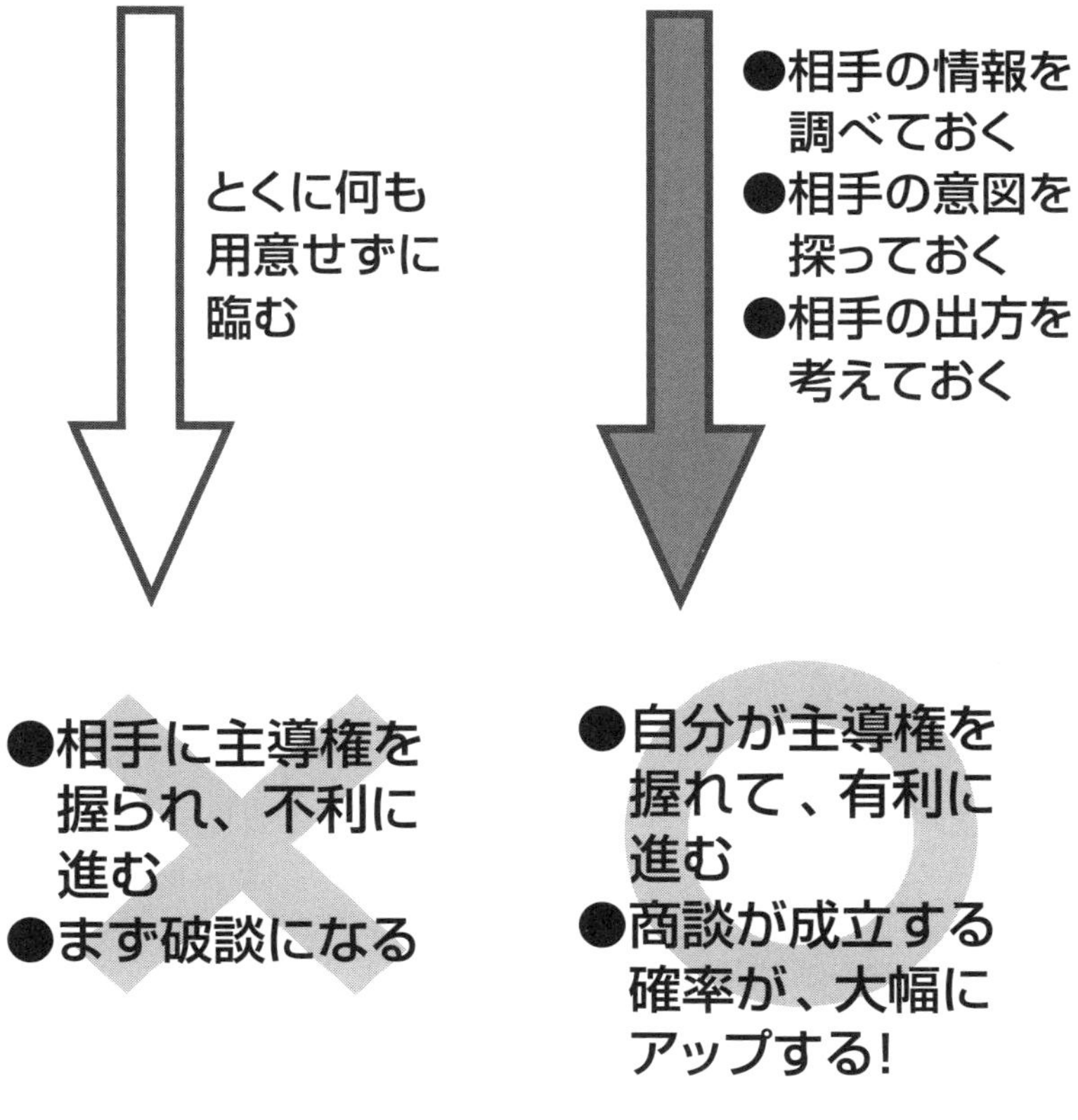
とくに何も
用意せずに
臨む
●相手に主導権を
握られ、不利に
進む
●まず破談になる
●相手の情報を
調べておく
●相手の意図を
探っておく
●相手の出方を
考えておく
●自分が主導権を
握れて、有利に
進む
●商談が成立する
確率が、大幅に
アップする!

第弐章

機先を制して『交渉』を有利に進める

1 朝の気は鋭く、昼の気は惰《だ》、暮の気は帰《き》なり

故に、三軍は気を奪う可く、心を奪う可し。是の故に、朝の気は鋭く、昼の気は惰《だ》、暮の気は帰《き》なり。（軍争篇）

現代訳

敵兵の気力を奪い、敵将の精神をかき乱すことが重要だ。
朝方は気力がみなぎり、昼間になればその気力は萎《な》え始め、さらに日が暮れる頃になると、気力は尽きてしまう。

相手の気が緩んだときを狙え！

◆朝方に大切な会議や仕事を集中させ業績アップ！

人間の集中力が、午前中にもっとも高まることは、よく知られた事実です。

そのため「ノー残業デー」を設定し、午前中に重要な仕事や会議を設ける企業もあります。

下着メーカーのトリンプ・インターナショナル・ジャパンは、吉越浩一郎社長（当時。2006年に社長を退任し、現在は吉越事務所を設立）のリーダーシップのもと、ノー残業デーを導入して、大きな成果を上げることとなります。

最初は、金曜日をノー残業デーとして、18時半には消灯。やがてそれを拡大し、すべての日を残業禁止としたのです。

さらに、毎朝8時半から早朝会議を開くなど、午前中の時間を有効に使うようにしました。

その結果、生産性は格段に高まり、19年連続で増収増益を達成。その間、社員数が半分になったにもかかわらず、売上げは5倍増になったことからも、いかに仕事の効率化に成功し、生産性が高まったかがわかるというものです。

このように、人間の集中力が高まっている午前中に重要な仕事を持ってくることで、仕事の効率をよくすることができるのです。

◆相手の集中力が低下したときを狙って交渉する

この、「人間の集中力が午前中に高まる」というメカニズムを逆手にとった仕事を心掛けているビジネスマンもいます。

「人間の集中力が午前中に高まる」ということは、逆に言えば、「夕方は集中力が衰える」というわけで、「敵」の気力が萎え、集中力が弱まった夕方に、例えば上司に企画をぶつけたり、反論したり、また営業交渉をしたりと、「攻撃」を仕掛けるわけです。

広告代理店に勤務する山形康司さん（仮名）は、営業に回る得意先に苦手な社長がいて、会いにいくのが億劫《おっくう》で、いつも気が重かったといいます。

何しろパワフルなその社長は、山形さんのプレゼンテーションにことごとくケチをつけてくるのです。

山形さんが嫌われているというのではなく、切れ者の社長だけに、理詰めで反論され、なかなか手強いのです。

ところが、長く付き合っているうちに、山形さんはこの社長の〝習性〟みたいなものがつかめてきました。

朝から「飛ばしている」社長は、夕方になると、ガクンと気力が萎えてくることがわかったのです。

そこで山形さんは、その得意先を訪問するのは、夕方にするようにしました。

朝方飛ばしすぎたその社長は、夕方は疲れ気味で、山形さんの提案をそのまま受け入れる確率がグンと高くなったといいます。

2 兵は詭道《きどう》なり

兵は詭道《きどう》なり。故に、能なるもこれに不能を示し、用なるもこれに不用を示す。（始計篇）

現代訳

戦いの本質は相手を欺くことである。そのため、軍事行動が可能でも、敵には不可能に見せかける。軍隊の運用が可能でも、敵には不可能に見せかける。

ビジネスでは、詐欺行為をすれば信頼関係は一気に崩れ落ちます。交渉ごとでは、ダマシや脅しに近い方法もありますが、結果を考えると決してうまい方法とはいえません。孫子は、もっと高等な心理テクニックの効用を説いています。

ときにはハッタリも効かせる

◆心理的に相手をコントロールして優位に立つ

「相手を欺く」というのは、ある意味孫子の本質を突いていますが、一方で「孫子の教えは人をだますもの」との誤解を招いている点でもあります。

決して孫子は、詐欺行為を推奨しているわけではなく、心理的に相手をコントロールして動かす、というところに力点が置かれているのです。

◆ふとした偶然が相手の勘違いを誘い好結果に

ある広告代理店の社長と社員4人が、クライアントのもとにプレゼンに出向きます。この中で入社2年目の武藤茂さん（仮名）は、人数合わせのいわばカバン持ちのような存在でした。

5人が会議室に通されると、武藤さんは書類を取り出しますが、10センチはあろうかという束が目を引きます。ほかの出席者はその場で配布された資料以外、せいぜい2、3枚の資料を手にしているだけです。

会議は冒頭から活発な意見が飛び交い、白熱します。その中で武藤さんだけは、じっと聞き入ったままです。それでも彼の書類の束が気になるのか、出席者たちはチラチラと視線を向けます。

議論が出尽くしたところで、司会進行役を務めるクライアントの社員が、武藤さんに意見を求めます。彼は書類の束のいちばん上にある紙を手に取り、意見を述べます。クライアントたちはうなずきながら彼の話に聞き入り、最後は武藤さんの意見を大きく取り入れた形で企画が成立しました。

「よく資料を集めておいてくれたね。クライアントもびっくりしていた様子だった。おかげで仕事を一つ取ることができたよ」

帰り道、社長が武藤さんに感心したように言います。しかし武藤さんは、〝意外だ〟というような表情で言います。

「資料って、会議のとき出していた書類ですか？ あれは社を出るときに別の企画で預かったもので、たまたま玄関先で受け取ったのでそのまま持ってきたんです。手帳を出したついでに全部を出しちゃったので、そのまま机の上に置いてました」

「だって資料を見ながら説明していただろう？」

呆気にとられた社長が聞き返します。

「いちばん上の紙だけ、今回の企画のデータですよ。インターネットで検索しておいたものです」

結果として、書類の束が〝ハッタリ〟となって、武藤さんの思いつきに近い意見が相手にもっともらしく聞こえたのです。

◆権威をうまく持ち出し、相手を説得する

これは、偶然生まれたハッタリですが、自分の意見にハッタリを効かせるには、「総務省の調査

データによると……」「○○博士の研究によるとと……」といった、権威のある裏づけを加えると、効果があります。

この権威を意識的に利用したのが、次に紹介するサラリーマンの例です。

あるメーカーに勤める新入社員の平尾啓吾さん（仮名）は、直属の上司が苦手でした。細かいことでネチネチと説教し、私生活まで口出しするのです。おまけに人使いが荒いとあって、顔も見るのも嫌でした。

その一方で、彼にはちゃっかりしたところもあります。平尾さんたちのフロアの一階上は重役室があり、平尾さんたちは階上の重役専用トイレを使用することはできませんが、平尾さんはこっそりそのトイレを使っていたのです。

静かで豪華なトイレは平尾さんの「お気に入り」なわけですが、別に見張りをしている人間がいるわけでもなく、咎《とが》める者もいませんでした。

あるとき、上司と平尾さんが社内を歩いていると専務とすれ違い、平尾さんは親しげに会釈しました。平尾さんが重役用トイレを借用するとき、時折顔を合わせる専務です。専務も見覚えのある社員に会釈され、会釈を返します。

その様子を見て驚いたのが上司です。

「お前、○○専務を知っているのか？」

「ええ、まあ……」

平尾さんはとぼけますが、「平尾のやつ、専務と何かコネでもあるのか……」と、上司の心に疑心暗鬼が芽生えました。

それ以来、上司の平尾さんに対する態度がガラッと変わります。人使いの荒さが消え、ネチネチ言うこともなくなったとのことです。

【ああ、勘違い……】

いつも上司に怒られてばかりの新人クン
役員トイレ
豪華な役員トイレを勝手に拝借
やっぱりクソの出が違うな…
終って、手洗い場で専務と遭遇
どうも
やあ
な、何でコイツが専務とこんなに親しいんだ…
ま、まさか縁故採用?
やあ
専務、お疲れさまです
うるさい上司
○○君、今度一杯飲みに行こう。
ご馳走するよ
ハ、ハイ
しめしめ

3 敵人をして自ら至《いた》らしむる者はこれを利すればなり

能く敵人をして自ら至《いた》らしむる者はこれを利すればなり。能く敵人をして至るを得ざらしむる者はこれを害すればなり。（虚実篇）

現代訳

自軍の思いどおりに敵をやって来させるには、そこに利益を与えるようにすればいい。

敵に来て欲しくないところに敵が来られないようにするには、そこに害を見せつけるようにすればいい。

相手のメリットを強調する

◆交渉ごとでは自分の利益や都合を出すのは厳禁！

相手を思いどおりに動かしたいときや説得したいときは、そうすることによって、相手が得られるメリットを強調することです。

セールス場面を例にとると、わかりやすいと思います。

お客さんが、セールスマンに商品を勧められたとき、

「この商品を買ってもらえれば、私はこれだけ歩合をもらえるんですよ」

などと言われれば、お客さんは買いたいという意欲が萎《な》えてしまいます。

「お願いします、買ってくださいよ！」

という哀願も同じです。

両方とも、セールスマンの利益を強調しているもので、買う側のお客さんにしてみれば、メリットを何ら感じないからです。

セールスマンが勧める商品を買えば、お客さんにとってどんなメリットがあるのか、それを強調すると、お客さんも購入意欲が高まります。

【自己チュー君】

いい商品ですから、買ってください!

別にどこにでもありそうなものだけど…

これを買ってもらえなければ、ボクはクビになっちゃいます!

そんなこと言われても…

お願いします。買ってくださいよ〜

「買ってください!」ばかりで、商品の良さがサッパリわからん
お客さんが買ってくれれば、今月のノルマが達成するんです。ボクを男にしてください!

自分の都合しか考えてないヤツだな。話にならん。帰れ!!


商談では、自分のメリットを少しでも口に出すのは厳禁。お客さんのメリットだけを強調する

4 軍争は利たり

軍争は利たり、軍争は危たり。軍を挙げて利を争えば則《すなわ》ち及ばず、軍を委《す》てて利を争えば則ち輜重《しちょう》捐《す》てらる。
（軍戦篇）

現代訳

機先を制する戦い（軍争）は、成功すればその利は大きいが、反面、大きな危険を抱えている。

全軍をあげて、有利な地を敵より先に占めようとすると、大軍では身動きが鈍く、うまくいくものではない。

そこで、一部の部隊で有利な地へ乗り込もうとすると、輸送部隊を失うことになる。

相手の出鼻をくじく

◆機先を制すれば、物事を有利に進められる

孫子は、「機先を制すること」の重要性を説いています。

ビジネスでも、機先を制することが重要であるといった局面をあちこちで見かけます。

例えば、新商品をいかに市場に浸透させるかは、機先を制し、ライバル会社が新商品や類似商品を出す前に、マーケットのシェアを圧倒的なものにしておくことが肝要です。

また、熾烈な競争を続けるテレビの視聴率争いでも、こんなケースがありました。

夕方のニュース番組は、内容で差をつけることが困難なため、ある放送局は、これまで午後5時ジャストに始めていた番組を、数分間早めてスタートさせたのです。

テレビ業界では、これを「フライング・スタート」というそうですが、そのニュース番組は、他局の番組より多くの視聴率をゲットすることに成功したのです。

これも、機先を制して成功した一例と言えるでしょう。

◆機先を制し、自分に都合の悪い話を切り出させない

交渉ごとでも機先を制し、主導権を握ることが勝負を左右します。

交渉ごとは、どの会社も相手の会社のペースに引き込まれることなく、自社にとって有利に進めたいものです。

相手がこちらにとって都合が悪い話題を切り出そうとしたら、どう対処するか……?

例えば、こちらが断りにくい話を切り出そうとしたら、こちらが主導権を握るため、その話を最後まで言わせないことです。

「言いたいことはわかっている。しかし、その件は絶対に呑めない」

肝心の申し出が出ないうちに機先を制して、断ってしまうのです。

話している途中で相手に断られてしまっては、二の句が告げられなくなり、再び会話の主導権を奪い返すことは難しくなるからです。

◆高圧的な言葉で機先を制し、拒絶不能にする

逆に、相手にこちらの要求を断りにくくすることも、機先を制することで可能になります。

それは、

「まさか、この件について反対したりはしないだろうけど……」

「まさか、これを断ったりはしないでしょうけども……」

と、相手が反対意見を口に出そうとする前に、このような高圧的な言葉で相手の拒絶を抑え込んでしまうのです。

5 必生《ひっせい》は虜《とりこ》

現代訳

生き延びることしか考えない者は捕虜にされる。

必生《ひっせい》は虜《とりこ》にされ。（九変篇）

保身ばかりを考えるな！

◆ときには〝クビ〟を賭けて勝負に出る

サラリーマンの中で、今の地位に安住でき、そこそこ出世するタイプは、小心者で、目立たないようにコツコツと陰で努力をするタイプだといいます。

しかし、いつまでも上司の言いなりでいいわけがありません。ときには、自分の〝クビ〟を賭けてでも戦う姿勢を見せ、上司やトップに意見しなければならないときがあります。

保身に汲々として、イエスマンに徹していては、本人のためにも会社のためにもなるわけがありません。

会社にとっても、イエスマンばかりがトップの周りを固めているようでは、将来が危ういものとなってしまいます。

◆大人しい人ほどいざというときに凄味がある

某企業の社長まで上り詰めた安藤章一さん（仮名）は、かつて、閑職で冷や飯を食らわされていた時期がありました。

その安藤さんを救ったのが、当時のワンマン社長でした。

そのワンマン社長の引き立てによって、閑職から出世街道に復帰し、人事部長に就いていたときのことです。

ワンマン社長が「役員を総入れ替えする！」と言い出したのです。あまりの無謀な人事に、安藤さんははじめて大恩のある社長に口答えします。

「そんな無茶苦茶なことをなされたら、会社は潰れてしまいます！」

はじめて口答えした安藤さんのその言葉に、社長は怒りを爆発させます。

「いや、やる。オレの言うことが聞けないようなら、お前はクビだ！」

「わかりました。仕方ありません。すぐに辞表を提出します」

まさに、売り言葉に買い言葉です。

しかし、ここは社長の方が折れ、後日、社長は安藤さんに詫びを入れます。

「お前のような青二才が、オレに楯突いたのははじめてだ。しかし、よくよく考えると、お前の言うことはもっともだったな」

社長は安藤さんの意見を取り入れ、役員の総入れ替えを撤回します。

安藤さんには私利私欲などまったくなく、ただただ会社のためを思っての意見具申だったので、ワンマン社長も安藤さんの意見を認めざるをえなかったのです。

もしも、安藤さんが自らの保身のためにワンマン社長の言うがままになっていたなら、安藤さんはまさに孫子が言うところの〝捕虜の身〟だったことでしょう。

会社は、役員の総入れ替えで滅茶苦茶になってしまったに違いありません。

ここいちばんで去就を賭けて臨んだからこそ、社長としての今の安藤さんがいらっしゃるのだと思います。

6 上下の欲を同じうする

現代訳

勝利をつかむには、五つの心得がある。

第一に、戦っていいときと、戦ってはいけないときがある。

このことをわきまえている者が、勝利をものにすることができる。

第二に、大軍の動かし方と、少数の兵力の使い方の違いを心得ておけば、勝つことができる。

第三に、上に立つ者とそれに従う者が、共通の目的に向って心を一つにすることができれば、勝つことができる。

第四に、あらかじめしっかりとした準備を整え、油断している敵を待ち伏せすれば、勝つことができる。

第五に、将軍が優秀で、なおかつ君主が信頼し、細かいことに口出ししなければ勝つことができる。

故に勝を知るに五あり。戦う可きと戦う可からざるとを知る者は勝つ。衆寡《しゅうか》の用を識《し》る者は勝つ。上下の欲を同じうする者は勝つ。虞《ぐ》を以て不虞《ふぐ》を待つ者は勝つ。将の能にして君の御《ぎょ》せざる者は勝つ。この五者は勝を知るの道なり。(謀攻篇)

勝負に勝つにはそれなりの理由がある

◆「タイミング」と「組織編成」の重要性

戦いに臨むに際して、孫子は5つの重要性を説いています。これは、ビジネスにもそのままあてはまります。

第一の戦っていいときと戦いを避けるべきとき。これは、「行動を起こすときのタイミング」の重要性を説いています。

例えば、マーケットの状況が悪いときに、新商品を売り出すなど愚の骨頂。タイミングをうまく計って行動を起こすことです。

第二の大軍の動かし方、小部隊の動かし方については、「組織の編成」についての重要性を説いています。

小規模の会社なら、一人のリーダーが指揮権を握った上で、全員に意思伝達が可能です。

しかし、何百、何千といった大きな組織となると、事情は変わってきます。トップ一人で全員を束ねることは困難です。

そこで、大人数をいくつかの組織に分けて、各小組織にそれぞれリーダーを据えます。そして、トップから末端の兵士まで、意思伝達がスムーズに伝わるようにしなければなりません。

「組織編成」の重要性がここにあります。

◆「協調性」「用意周到」「現場主義」の重要性

第三に、一つの目標に向って「組織が一丸」となって邁進《まいしん》しているかどうか。

リーダーから人心が離れれば、組織はあっという間にバラバラになってしまいます。上に立つ者と従う者の心が離反してしまっていては、組織がうまく機能するわけがありません。

某損害保険会社の部署でのことです。ある重大なミスが何度か重なり、部署全体の社員が集まり、対処することになりました。

夜遅くまで残業することは避けられず、夜9時を回った頃、途中経過を報告し合うミーティングが行われました。

各自報告が終わった後、これからどうするか相談を始めようとしたときです。

部のナンバー2である次長が、ぐちぐち言い訳じみたことを口に出し始めたのです。

なぜ、このような事態になってしまったのか、説明を始めたわけですが、さも、自分には責任がないかのような言い方に、部下たちは一斉に白けます。

「もう、いいかげんにしてくれ！」

と、心の中で大反発。夜10時をとうに過ぎ、みな疲れ果てて、集中力も途切れてイライラし始めています。

部を取り仕切る部長がその空気を読んで、

「××次長。その話は後にして、とりあえず、今は解決に向けて全力を尽くそう」

と次長の発言を遮りますが、この次長の発言で、部署全体の士気はかなり下がってしまいました。

これをキッカケに、その後、次長に対する部下たちの信頼感は薄くなったといいます。

組織全体の士気を高め、目標に向って力を集中させるには、リーダーの発言が大きくものを言います。

部下たちの心を一つにまとめあげるには、リーダーは難敵に対して、一歩もひるまない断固たる姿勢をもって臨むという姿勢をアピールしなければなりません。

部下たちを納得させた上で組織を動かすのが、最低の条件といえるでしょう。

第四は、戦う前の「用意周到さ」の重要性を説いています。

第五は、「現場主義」の重要性です。現場で起こりうることに関しては、よほどのことがない限り、現場のリーダーに判断を任せることです。

最悪なのは、現場を知らないトップがあれこれ口を挟むこと。

指揮権を与えておきながら、その指揮官を飛び越えてトップが現場に指示を出すのは、命令系統を乱し、現場は混乱します。

さらに、現場の指揮官のモチベーションを大きく損なう結果となります。

【勝利を手にする5つの心得】

一、動く時期は適切か「タイミング」の重要性

二、社員たちは適材適所か「組織構成」の重要性

三、上下の心は通じ合っているか「意思疎通」の重要性

四、準備は万端か「用意周到」の重要性

五、一度任せたなら口出ししない「現場主義」の重要性

第参章

人を操り確実に主導権を握る

1 人を致して人に致されず

凡そ先に戦地に処りて敵を待つ者は佚《いつ》し、後《おく》れて戦地に処りて戦いに趨《おもむ》く者は労す。故に善く戦う者は、人を致して人に致されず。（虚実篇）

現代訳

敵より先に戦場に到着して、敵がやってくるのを待つようにすれば余裕ができるが、あとから戦場に到着して、先に有利な地を占めている敵を攻めるのは苦しくなる。

だから、戦いに巧みな者は、主導権を握って敵を思うがままに動かし、決して相手の思いどおりに動かされたりはしない。

約束の時間より前に現地に赴く

◆「遅刻」にはメリット・デメリットがある

「敵より遅れて戦場に到着する――」

これをビジネス現場で置き換えると、打ち合わせや商談の約束の時間に遅れることを意味するでしょう。

「遅刻はマナー違反だ！」とだけ解釈すれば、待ち合わせ時間に遅れたことで、相手の貴重な時間を奪うという罪があります。

しかし、ビジネスにおいてどれだけ大きなデメリットがあるのか、次の例からも伺い知ることができるでしょう。

◆約束時間を守った側のメリット

トップセールスマンとして何度も表彰されたことのある伊東智明さん（仮名）は、アポイント時間の30分から、遅くとも20分前には現場に到着するそうです。

どこかで待ち合わせる場合には、必ず相手より先に訪れることを心掛けています。

これは、単に電車や車など交通機関の遅れによる遅刻を防ぐというだけでなく、早めに到着して、まずは心に余裕を持たせるのが大きな目的だといいます。

先方の会社に訪問するときでも、早めに訪問し、現地の近くでぶらぶら時間を潰しながら、その雰囲気に慣れて気持ちを落ち着かせます。

◆約束時間を破った側のデメリット

確かに、待ち合わせ時間のギリギリに駆け込んでいては、精神的な余裕が失われ、商談や交渉にも差し障りが出てきます。

相手より遅れて到着したり、時間ギリギリどころか遅刻してしまったら、相手に負い目を感じて強気に出れず、交渉などの足を引っ張ることになりかねません。

逆に、相手が約束の時間に遅れてくるのは大歓迎です。

決して怒ったり不快な思いを顔に出したりはしません。笑顔で出迎えるようにします。

相手に負い目を感じさせ、交渉などでは有利に進めることができるからです。

「でも、相手によっては遅刻しても、まったく負い目を感じないような人もいますよね？」

と、伊東さんにちょっとイジワルな質問をしてみました。

「それでもいいんです。そのような不誠実な人とは、今後付き合っても決してプラスにはなりませんから、浅い付き合いに徹したり、場合によっては、関係を断ってしまえばいいんです」

営業マンらしくにこやかな表情を見せていた伊東さんですが、その目が一瞬、冷たく光ったようでした。

2 餌兵《じへい》には食《く》らう勿《な》かれ

用兵の法は、高陵《こうりょう》には向う勿《な》かれ、背丘《はいきゅう》には逆らう勿かれ、佯《いつわ》りを北ぐるには従う勿かれ、鋭卒《えいそつ》には攻むる勿かれ、餌兵《じへい》には食《く》らう勿《な》かれ。（軍争篇）

現代訳

「囮《おとり》」の敵兵を攻撃してはならない。

「オトリ」を使って敵の攻撃力を削ぐ

◆まずは欠点だらけの企画書を提出する

「オトリ」は、その存在により敵の注意を引きつけて、本命から目をそらせるためにあります。

これは、ビジネスの現場でいくらでも応用することができます。

あるイベント会社のプランナーである佐々木昌幸さん（仮名）は、クライアントにプレゼンテーションを行うとき、そのクライアントの担当者の性格を勘案しながら、「作戦」を立てるように心掛けています。

あるクライアントは、担当が創業社長で、なかなかのウルサ型。何かとケチをつけたがり、ときには蘊蓄《うんちく》を傾けたがります。

佐々木さんは、この創業社長の性格を逆手にとることを考えました。

A・B・Cの3案をプレゼンしますが、最初に出すAプランは、巧妙に欠点だらけのプランを作っておきます。

社長は、その欠点だらけのプランを「ここぞ！」とばかりに指摘してきます。

佐々木さんは、しばらく社長の演説に「ごもっとも」とばかり耳を傾け、「大変勉強になりました」という態度を見せます。

そして、その後に本命のプランをプレゼンし、認めさせてしまうのです。

最初から本命のプランを提出してしまっては、重箱の隅をつつくような細かな社長の指摘が必ず出てきます。

そこで、いわば「オトリ」である欠点だらけのAプランを出して社長の攻撃のもとにさらしておいて、その後の〝攻撃力〟を減じておくのです。

◆経営陣と社員の板挟みで苦悩の担当部長

交渉ごとでも、この「オトリ」を有効に活用することができます。

あるメーカーでの話ですが、経営陣から日産100を120に「20%アップさせるように！」との指示が出ました。

この命令を受けた担当部長は、頭を抱えてしまいました。

すでに工場はフル稼働状態で、さらに増産するとなると、残業増や休日出勤などで対処せざるをえません。

しかし、残業増や休日出勤を持ち出せば、現場やその他の関連部署から反対の声が上がるのは目に見えていたからです。

担当部長は部下を使って、非公式に関連部署に打診させます。

その部下には、「会社側からは日産140まで引き上げろ！」と命じられている旨を告げておきます。部下が各部署を回ると、案の定、猛反発の声が上がりました。

◆社員には経営陣の増産命令より高い数字を掲げる

ここで担当部長が登場して、各関連部署のトップを召集します。

当然のことながら、会議はピリピリした空気の中で始まります。

冒頭、担当部長は、会社から40%アップの増産命令が出ている旨を伝えます。

各部署からは、猛反対の意見が続出。担当部長は、すべての意見に黙って耳を傾けます。

そして、

「みなさんのおっしゃりたいことは、だいたいわかりました。確かに、会社が求める40%の増産命令にはかなりの無理があり、私もその意見に同意します。

しかし、経営環境は厳しく、会社が求める増産をまったく拒否するというわけにもいきません。

そこで、せめて半分の20%の増産までは受け入れようではありませんか!! 私もこの案で会社を必ず納得させます。みんなで努力して、20%の増産を達成しましょう!」

こう切り出しました。

すると、それまでピリピリ張り詰めていた空気が、少しずつ和《なご》んでいきました。

「当初の半分の20%増産か……。経営環境も厳しいみたいだし、それくらいの増産は受け入れざるをえないな」

という雰囲気が生まれ、前向きの提案も出てきます。

残業増、工場の休日稼動、設備投資に関する提案もおおむね了承されました。

結果的に、会社が目標としていた増産計画は、ほぼ完璧に達成できたのです。

「140%増産」という「オトリ」を出して抵抗勢力の標的にさせ、敵の攻撃をそこに集中させて本命の「120%増産」を受け入れさせるという作戦が、見事に決まりました。

【やればできる…】

困った。社員たちをどう説得するか…
今より20%増産しろ！
今より50%増産するように社長が要求しています
とりあえず多めに…
ブー
ブー
エーッ、そんなのできるかッ！
ふざけるなーッ！
しかし、我が社の経営も厳しく、増産命令は受け入れざるをえません…
仕方ないですね。それなら、30%の増産までならのみましょう!
工場長、経営陣をそれで納得させてください!
けっこう物わかりがいい社員たちね

3 遠くしてこれに近きを示す

現代訳

たとえ遠くにいるときでも、敵には近くにいるように思わせ、遠く離れているときでも、近くにいるように思わせろ。

自分の勝負しやすい場所で戦う

◆交渉には「ホーム・アドバンテージ効果」を活用する

「近くしてこれに遠きを示し、遠くしてこれに近きを示す」は、前項（原文）の「能なるもこれに不能を示し、用なるもこれに不用を示す」（能力があっても、無能に見せかける）に続く一文です。

相手をコントロールするという孫子の本質を表した部分です。

近くしてこれに遠きを示し、遠くしてこれに近きを示す。（始計篇）

交渉ごとでの鉄則は、精神的に相手より優位に立つことです。そのため、あらゆるテクニックが使われます。

まず、「交渉する場所」がポイントになります。自分のペースで交渉したいのなら、断然、自分のテリトリーで行うことを心掛けましょう。

相手の家やオフィスより、自分の家やオフィス、また、よく利用する喫茶店などの方が落ち着いて、交渉のペースをつかみやすくなります。

これは、相手の気分を高揚させ、本音を吐き出させたいときにも有効です。

これを「ホーム・アドバンテージ効果」といい、気後れしやすいという人には、特にお勧めのやり方です。

◆豪華な場所を選び自分の威光を見せつける

場所が心理面に与える影響は大きく、それを把握して相手をうまく操るということでは、「非日常の空間」も使えます。

例えば、豪華なホテルやレストランといった場所ですが、とくに相手を説得させたいときには有効です。これら豪華さ、優雅さは、自分の地位や権威を相手に「アピール」、あるいは「錯覚」させる場所なのです。

これを心理用語で「栄光欲」といい、威光を見せつけることによって、相手をこちらのペースに巻き込むのです。

◆状況によって衣服の色を使い分ける

視覚が精神面に与える影響も大きく、これをビジネスに役立てている人も沢山います。

ある機械メーカーの営業マンである坂井健一さん（仮名）は、営業するシーンによってネクタイの色を使い分けているといいます。

「ここいちばん、契約にこぎつけるといった大事な場面では、真っ赤なネクタイを締めます。赤は元気が出る色で、積極的なイメージを強くアピールできます。逆に、お詫びにいくときなどは、青やグレーといった落ち着いた色を選びます」

「進出色」といわれる赤は、「近づいてくるように見える色」とされています。

活気を呼ぶ色で、リーダーが部下たちを鼓舞するときに使える色です。積極的な心理を刺激したいときには、赤色系を多用するといいでしょう。

「後退色」といわれる青は、赤とは逆に、心を鎮める効用を持ちます。

赤と青の使い分けは、まさに孫子が言う「近くにいるように思わせる」「遠くにいるように思わせる」ために役立ちます。

4 備え無きを攻め その不意に出ず

その備え無きを攻め、その不意に出ず。これ兵家の勝にして、先ず伝うべからざるなり。（作戦篇）

現代訳

敵が備えていないところを攻撃し、敵の不意を突くようにする。
これが、戦争に勝つ方法である。
しかし、戦いの前に想定することができないものである。

相手の不意を突いて物事を有利に運ぶ

◆意外なところをほめ相手が心を開くキッカケとする

営業で仕事を取る、女性を口説く……。これらの成否のカギは、「相手の心をどこまでつかめるか?」にかかっています。

人は誰でも、「他人に認められたい」という欲求を持っています。自分を認めてくれる人には親近感を抱くものです。

もっとも簡単でわかりやすい人に認められる行為は、人から「ほめられる」ことです。

この心理を突けば、人間関係を親密にすることができます。

ほめ言葉は相手の関心を買うことになり、ほめてくれた人間に好意を抱き、心を開くキッカケともなります。

お世辞もしかりです。しかしながら、あからさまなお世辞は、

「オレをバカにしているのか!」

と相手に受け取られかねません。

その使い方によっては逆効果になるケースもあるので、十分に注意しましょう。

◆本人も気づいていないような点をほめる

下心があってのほめ言葉や、誰でも言うような当たり前のほめ言葉も効果がありません。

成績優秀な人に向って「いやぁ、素晴らしい成績ですね」と言っても、言われた側からしてみれば、誰からもいつも言われていることで「言われて当然」といった意識があり、嬉しくも何ともありません。

それより、本人も気づいていないような〝意外な点〟を見つけてほめるのです。

孫子の言うところの「その備え無きを攻め、その不意に出ず」です。

本人も、

●「そんな見方があったのか……」

●「この人は、こんなところまで自分を見ていてくれていたのか！」

と嬉しくなるものです。

◆第三者を介してほめるのも効果絶大

ただし、意外さを求めるあまり、事実とあまりにかけ離れていてはいけません。

「この、お調子者！」という悪印象を相手に与えかねないからです。

例えば、〝意表を突く〟方法としては、本人に直接ほめ言葉をかけるのではなく、他人の口を介してほめるというやり方があります。

面と向ってほめては嫌味に受け取られたり「下心があるのでは？」と疑いを持たれたりするものですが、第三者の口を介してほめれば、ほめ言葉はストレートに伝わります。

「あの人がこう言って、あなたのことをとてもほめていたよ」と伝わればしめたものです。

相手は「本当にあの人は、自分のことを認めてくれているんだ」と嬉しさもひとしおで、素直に受け取ってもらえます。

5

凡《およ》そ軍は高きを好み下《ひく》きを悪《にく》み

現代訳

軍隊が留まるところとして相応しいのは、低地より高地がいい。

日当たりの悪いところよりも、日当たりのいい場所がいい。

健康的であらゆる疾病が発生しないのが、不敗の軍隊の条件というものである。

丘陵や堤防などは、後方と右翼が障害物で遮られた日当たりのいい場所に陣取る。

これは、自軍に多くの利益をもたらし、地の利を得ることとなる。

戦いは高い位置にいる方がより有利に進められる

◆交渉では相手を見下ろすような態度を心掛ける

凡《およ》そ軍は高きを好み下《ひく》きを悪《にく》み、陽を貴び陰を賤しむ。生を養いて実に処れば、軍に百疾なき、是れを必勝と謂う。丘陵隄防には必ずその陽に処りて而してこれを右背にす。これ兵の利、地の助けなり。（行軍篇）

敵と相対するときは、その位置どりが大きなポイントとなります。

例えば、交渉ごとなどで高い位置から相手を威圧すれば、相手を説得しやすくなります。つまり、背が高い人の方が有利ということになります。

たとえ背が低い人でも、椅子を高くするとか、座布団を重ねて高い視線を演出するといった方法で対処できます。

前かがみの姿勢では、相手に卑屈なイメージを与えてしまいます。

２００２年９月に北朝鮮を訪問し、金正日主席との日朝交渉に臨んだ小泉純一郎首相（当時）は、握手を交わすときは、決して頭を下げることなく、相手を見下ろすようなポジションをとっていました。背筋をピンと伸ばし、威厳を示したのです。

◆相手の集中力を削ぐ工夫をする

スターを世に送り出すには、そのスターの卵に「オーラ」を持たせることが重要だと説くのは、音楽プロデューサーの稲葉瀧文さん。

荒井由美(松任谷由実の旧姓)や矢沢永吉といったミュージシャンを売り出し、まだ無名だった久保田利伸を世に出した人物です。

スターを売り出すには、スター性を世にアピールしなければなりませんが、その「演出」も、交渉ごとと通じるところがあると言います。

「交渉はいわば心理戦です。スターを売り出すには、ファンの心をそのスターに集中させますが、交渉ごとでは、相手の集中力を削げば、自分に有利に働くようになります。

それにはまず、自分が相手より有利なポジションをとることです」

稲葉さんが交渉で使った「演出」の一例を、ここで紹介しましょう。

交渉ごとをするとき、稲葉さんは窓を背にする位置に座り、相手を壁際に座らせるようにするそうです。自分の姿が逆光になる位置に座れば、相手はこちらの表情が読み取りにくくなり、不安心理が芽生えます。

その結果、交渉のペースは窓際に座った者が握ることになります。

加えて、集中力を削ぐ効果もあります。窓際に座った相手に向っていると、外の風景にも視線が移り、そちらにも気をとられてしまうのです。これは、集中力を削ぐ効果があります。

稲葉さんは、重要な交渉のときは、自分が座る後ろの窓の清掃を必ずやらせていたといいます。

6 往く所無きに投ず

これを往く所無きに投ずれば、死すとも且《か》つ北《に》げず。士人力を尽す、死せば焉《いずく》んぞ得ざらんや。兵士、甚だしく陥れば則ち懼《おそ》れず、往く所なければ則ち固く、深く入れば則ち拘《こう》し、已《や》むを得ざれば則ち闘う。（九地篇）

現代訳

極めて危険な状況に追い込まれると、逃げ場がなくなるので、もはや恐れを感じなくなる。
行き場がなくなれば、決死の覚悟が固まり、敵国領内に深く侵入すれば、一致団結する。

人は不利な状況の方が力を発揮する

◆新入社員の赴任先は、より過酷な地を選べ

敵地内に深く侵入するほど、不利になるばかりです。しかし、あえてそのような危険な状況に兵士を追い込むことで、軍隊は一致団結し、奮戦するといいます。

そこで孫子は、自軍を窮地に追い込むことで「底力を発揮させろ！」と言っていますが、これは同じ「九地篇」で、「死地に陥れて然る後に生く」とも説いており、それについては160ページで詳しく説明します。ここでは〝人（部下）を育てる〟という視点で見てみます。

仕事でも、その人の持つ力量内の作業だけをやらせていては、成長はありません。より高いハードルを設定することでより成長するのです。

とくに、最初が肝心。簡単に達成できるハードルの仕事をやらせては「こんなものか……」という安心感から、気が緩《ゆる》み、これは後々まで「後遺症」を残すことになります。

全国展開するような企業では、新入社員の赴任地はたいてい地方になります。しかも、本人にとって縁もゆかりもない地が選ばれます。

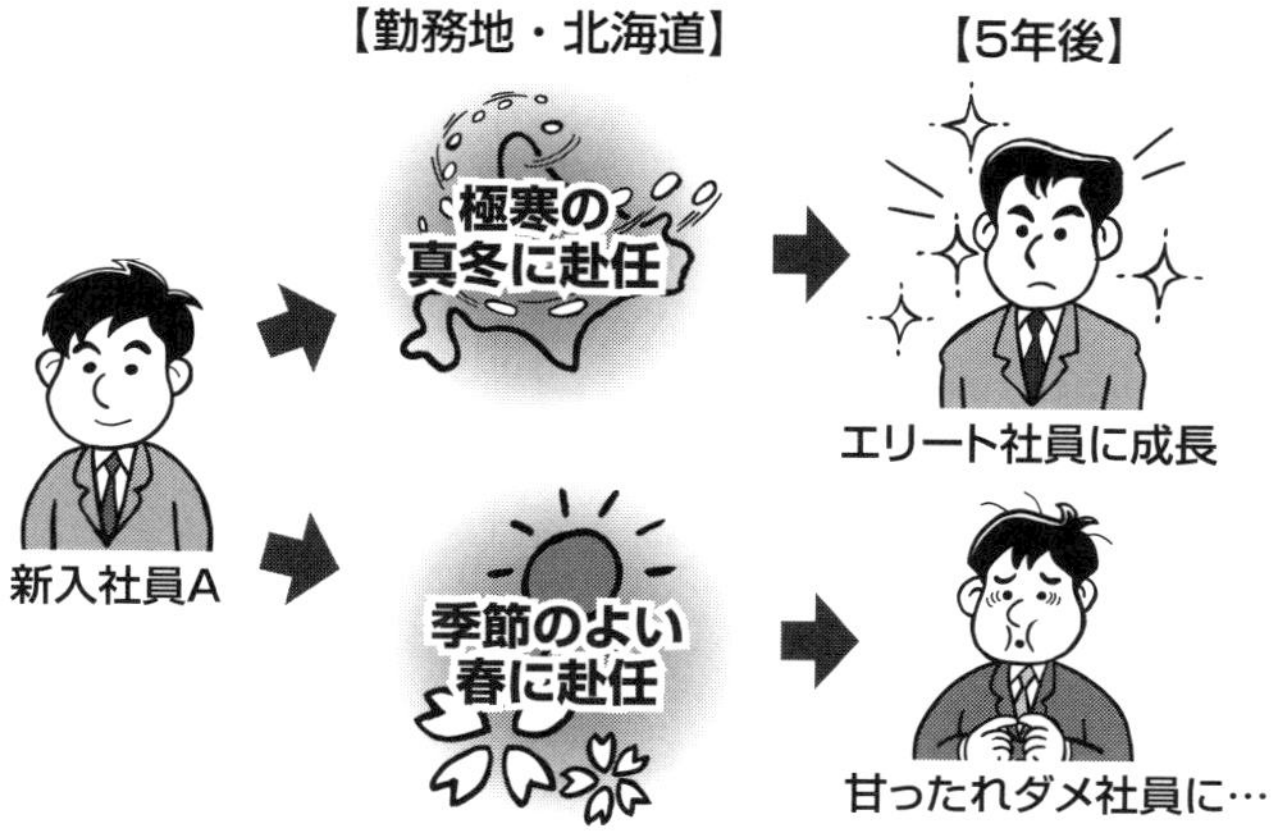
【勤務地・北海道】
【5年後】
極寒の
真冬に赴任
エリート社員に成長
新入社員A
季節のよい
春に赴任
甘ったれダメ社員に…

新入社員は、
厳しく育てるに限る！

◆最初が肝心。甘やかしては後々まで響く

最初から「いい思い」をしてしまうと忍耐力や闘争心が養われず、新入社員の赴任地は、行ったこともない土地にするわけですが、北海道や東北など冬の寒さが厳しいところに赴任させる際は、秋から冬にかけて現地に赴任させると、成功する確率が高くなるといいます。

「これは大変なところに来てしまった……」という緊張感からスタートすることが、成功の要因となるようです。

これが、気候のよい春先から夏にかけて赴任すると、「これはいいところに来た！」という気の緩みが生じて、その後伸び悩んでしまうのです。

ビギナーズ・ラックなどで最初に成功したりすると、その成功体験から発想を変えることができず、その後の〝足かせ〟となることも多いのですが、これも同様の事例といえるでしょう。

7 敵の一鍾《いっしょう》を食《は》むは、吾が二十鍾に当たる

故に智将は務めて敵に食《は》む。敵の一鍾《いっしょう》を食むは、吾が二十鍾に当たる。萁秆《きかん》一石は吾が二十石に当たる。（作戦篇）

現代訳

見識のある識者なら、できるだけ敵地で食糧を調達するようにする。

敵地で得た食糧一鍾は、自軍の食糧二〇鍾に値する。

馬の餌となる豆殻・ワラ一石は、自軍が運んできた二〇石に値する。

何から何まで一から始めるのではなく効率を考える

◆ヘッドハンティングで優秀な人材を確保できるが……

兵站《へいたん》は、戦争において重要な役割を果たします。兵站とは、前線の部隊に、食糧その他の物資を補給する機関のことです。

長い道のりを敵に襲われる危険を抱えながらの輸送は、かなりの労力を要します。

そこで、敵地で食糧を調達すれば、輸送の労力が軽減できるだけでなく、敵の戦力を削ぐことにもなりますから、二重の効果があることになります。

さて、戦力は、ビジネス現場では「人材」にもたとえられます。組織の中には、優秀な人材とそうではない人材が必ず混在します。

企業は業績を上げるために、社員教育に力を注ぎ、優秀な人材を一から育てようと躍起になりますが、その一方で、即戦力も期待します。その方法の一つに「ヘッドハンティング」があります。

ライバル会社から優秀な人材を引き抜けば、

自社にとって戦力がプラスになります。

一方、人材を引き抜かれた会社にとっては、優秀な人材を失うことになり、戦力がダウン。つまり、効果は倍増することになるのです。

一方で、他社のヘッドハンティングにより優秀な人材を失わないため、成果主義の報酬制度を採用したり、働きやすい職場を心掛けるなど、社員のモチベーションを高める必要が出てきます。

◆ダメ社員をライバル会社に押し付ける

熾烈な業界では、次のようなヘッドハンティングの実例も……。

金融界もディーラーを中心に、人材の獲得に激しいバトルが繰り広げられています。

某金融機関のディーリングルームも、半数以上がほかの金融機関からヘッドハンティングされた人たちで、「ツワモノ」が顔を揃えていました。

その中のヘッドハンティング組3人が、居酒屋でHという生え抜きの社員を話題にします。

落ちこぼれの部類に入り、あまり評判がよくないその社員Hに対して、

「Hはいつか、何か大問題を引き起こすぞ！」

ということで3人の意見は一致します。

そこで、1人が提案しました。

「Hをこのまま会社に置いておいたら、大変なことになる。実は、オレにいい考えがある。今度、俺たちにヘッドハンティングの話がきたら、Hに押し付けてしまえばいい……」

果たして後日、ヘッドハンティングの話が持ち込まれてきました。ヘッドハンティングの対象になった3人のうちの1人の男は、

「今、私は転職してきたばかりでとても動くことはできません。でも、移りたがっている男がいますよ。けっこう優秀なヤツです」

自分は体よく断り、逆にHを推薦します。

「ただし、最初に私に話が持ち込まれたことや、私がHを推薦したことは、絶対に内緒にしておいてください」

と口封じも忘れません。

後日、ディーリングルームのHにヘッドハンティングの電話が入ります。

「ヘッドハンティングの電話が来たな！」

3人組は、自分たちがヘッドハンティングされた経験があることから、ピンときました。

Hは受話器を手でおさえ、前かがみになって控えめに話しながらも、顔には隠し切れない喜びの表情が浮かんでいます。

果たしてHは、3人の思惑どおり、ヘッドハンティングされて、ほかの金融機関に移っていきました。

◆思惑どおりにコトが運ぶが、心境は複雑……

3人がHのことを忘れかけていた頃、突然、Hの名前が、テレビのニュース番組でクローズアップされます。

違法な取引きをした結果、巨額の損失を出す事件を引き起こしたのです。

「あぁ、とうとうやったか……」

3人は同時にため息をつきます。転職先の職場で落ちこぼれていたHが、功を焦ったばかりに無理な取引きをしたのだと、痛いほど理解できたからです。

落ちこぼれ社員をライバル会社に押し付けるのは、孫子の手法のまさに裏技。

敵の戦力を奪うのではなく、敵にマイナスの戦力を押し付けるのです。

【一石二鳥】

A銀行
おい、あいつがいると我が社は足を引っ張られるぞ…。オレにいい考えがある
失敗ばかりのダメ社員H
3人のうちの1人
B銀行です。実はあなたをヘッドハンティングしたい。ぜひ我が社に…
今、私は動けませんが、キレ者のヤツが、転職したがっていますよ
Hさんですか? B銀行の者です。実はヘッドハンティングで、あなたを我が社に…
えッ、ボクを…
こうしてA銀行は…
●ダメ社員Hがいなくなり
→戦力が却ってアップ↑
●ダメ社員Hを押し付け
→B銀行の戦力がダウン↓
コワイですね～

8 祥を禁じ疑いを去らば、死に至るまで之《ゆ》く所なし

これの故に其の兵、修めずして戒め、求めずして得、約せずして親しみ、令せずして信なり。祥を禁じ疑いを去らば、死に至るまで之《ゆ》く所なし。（九地篇）

現代訳

追い詰められた状況に置かれれば、指揮官が命令しなくてもしっかりと規律を守り、要求しなくても奮戦し、争いごとを避け、約束しなくてもお互いに助け合い、強制しなくても確かな行動をとるものだ。

あとは怪しげな占いや迷信を禁じ、あらぬ風聞が飛び交って軍隊内に動揺が走らないようにすれば、兵士は最後まで奮戦するものだ。

指揮官は窮地のときこそドッシリと構える

◆販売不振の責任を一身に背負った事業部長

窮地に追い込まれた組織には、あらぬ風聞で人心が動揺しがちになるものです。

こうなると士気は低下し、組織はまとまりがなくなってしまいます。

軍隊では綱紀が緩み、脱走兵すら出てきかねない状況に陥ります。

組織の結束を固めるためにも、指揮官は風聞などの弊害を排除しなければなりません。

松下電器産業（現パナソニック）の社長に上り詰めた谷井章雄さんは、花形部門であるビデオ事業部の部長に就任したとき、世間は不況のどん底でした。

とくにビデオの販売不振は深刻で、同社の業績は、ビデオ事業部門の業績悪化に足を引っ張られているような状況でした。

ビデオ事業部門は縮小され、工場も一部閉鎖

の憂き目にあいます。経営陣からの改善要求も凄まじく、責任者としては辛いところです。

しかし、谷井さんは、微塵《みじん》も辛いという素振りを見せません。いつでも明るく振る舞い、萎縮している社員たちを激励し続けたのです。

ミスを犯した社員にも、

「気にすることはない。仕事には失敗がつきものだ。取り返すチャンスはいくらでもある。次回頑張れ！」

と、決して咎《とが》めるようなことはしませんでした。

部門全体の売上げが落ち込んでも、

「不景気なんだから仕方がない。いつか報われるときがくる。頑張っていれば、業績はそのうち伸びる！」

と気にする風もありません。

やがて景気が回復したとき、ビデオ事業部門は業績を急上昇させ、谷井さんは社内で注目される存在になります。

◆頑張っていればいつか報われる好例

業績が回復して急速に伸びたのは、景気回復という追い風が吹いたのは事実ですが、逆境のときに耐え続けたことが礎《いしずえ》となっていることは、間違いありません。

谷井さんが、社内に広がる不安や動揺を抑え、明るく振る舞って社員を鼓舞し続けたことが、大きく実を結んだのです。

逆境にあったときに、もし指揮官自らが動揺していたのでは、部下たちはますます不安な気持ちになり、士気は落ち、組織の結束力も緩んでしまいます。

窮地に陥ったときこそ、責任者や指揮官はドッシリと身構え、あらぬ噂や風聞をかき消す役割に徹するべきなのです。

9 円石を千仭《せんじん》の山に転ずるが如き

現代訳

巧みに戦う有能な指揮官は、戦いの勢いによって勝利しようとし、決して兵士たちの力ばかりを頼ろうとはしない。

兵士たちの力が十分に発揮できるように、適材適所に配備させ、軍全体の勢いのままに戦わせようとする。

兵士たちを勢いそのままに戦わせるさまは、木や石を転がせるようなものだ。

木や石は、平らなところでは安定して静止しているが、不安定な場所では動き出す。

四角いものなら安定しているが、丸ければ転がり始める。

兵士たちを巧みに勢いづかせるには、丸い石を高い山から転がり落とすように軍隊を戦わせる。

これが、戦争における勢いというものだ。

故に善く戦う者は、これを勢に求めて人を責めず、故に能く人を択《えら》びて勢に任ず。勢に任ずる者は、その人を戦わしむるや木石を転ずるがごとし。木石の性は、安ければ則ち静かに、危うければ則ち動き、方なれば則ち止まり、円なれば則ち行く。故に善く人を戦わしむるの勢い、円石を千仭《せんじん》の山に転ずるが如き者は、勢なり。（勢篇）

「間」をとって敵の勢いを止める

◆勝負を左右する「勢い」の存在

戦争において「勢い」は、勝敗の帰趨《きすう》を決する重要な要素です。これは、同じ勝負ごとであるスポーツでも同じことがいえ、勢いがある方が勝つようになっています。

勢いは、多分に心理的な作用が大きく働きます。勢いに乗っているときはのびのびとプレーし、考え方も前向きです。逆に、勢いが止まってしまえば心身ともに萎縮し、悪い方へ悪い方へと考えてしまいます。〝負〟のスパイラルです。

もし自軍に勢いが出てきたときは、指揮官は、その勢いを止めないように配慮します。逆に、自軍に勢いがなく、敵に勢いがあるようなときは、その勢いを何とか止めようとします。

スポーツを観戦していると、その駆け引きが手にとるようにわかるときがあります。

例えばバレーボール。一度点を取り出すと、立て続けに連取する傾向があります。このとき相手チームの監督はタイムをとり、試合を中断させます。わずかなタイムの間にアドバイスをしたり檄を飛ばしたりしますが、それ以外に「間をとる」という意味合いもあります。つまり、相手が乗りに乗っているところに水を差すという意図です。

野球も同様。好投を続けていたピッチャーが、たった一度の四球やヒット、味方のエラーなどで走者を出して、急に崩れるときがあります。

相手に勢いが出てきたからですが、このときキャッチャーや監督がタイムをとってピッチャーにアドバイスします。これも「間」をとってピッチャーを落ち着かせ、失いかけた勢いをとり戻す意図があります。

◆いい「卦」が出るまで占い師を回るある創業社長

ビジネスでは、勢いは「ツキ」という表現が適切かもしれません。このツキをつかむために自分を暗示にかけようと努力する経営者もいます。

ある大手ウイスキーメーカーの創業者もそうでした。新しい事業を起こすたびに、必ず占い師のもとに出かけ、占ってもらいます。

もしも悪い預言が出た場合は、次の占い師のもとに行きます。「うまくいきます」「成功しますよ」という卦《け》が出るまでそれを繰り返すのです。

こうして、事業を始めるにあたり、「うまくいく」というご託宣《たくせん》で自分自身に暗示をかけ、「勢い」をつけるのです。

10

夫《そ》れ金鼓《きんこ》・旌旗《せいき》なる者は人の耳目を一にする所以《ゆえん》なり

軍政に曰わく、言うとも相聞こえず、故に鼓鐸《こたく》を為《つく》る。視《しめ》るとも相見えず、故に旌旗《せいき》を為る、と。夫《そ》れ金鼓《きんこ》・旌旗なる者は人の耳目を一にする所以《ゆえん》なり。人既に専一なれば、則ち勇者も独り進むことを得ず、怯者《きょうしゃ》も独り退くことを得ず。紛々紜々《ふんぷんうんうん》、闘乱して見るべからず、渾渾沌沌、形円くして敗るべからず。此れ衆を用うるの法なり。故に夜戦に火鼓多く昼戦に旌旗多きは、人の耳目を変うる所以なり。（軍争篇）

現代訳

古くからの兵法書でも「戦場では、口で言うだけではよく伝わらないから、太鼓や鐘といった鳴り物を用意する。戦場では、部隊間の動きはよく見えないから、旗や幟を用意する」と言っている。鐘や太鼓、旗や幟は、兵士たちの耳目を統一するためのものだ。

兵士たちが統率されている状態では、勇敢な兵士であっても勝手に進むことができず、臆病な兵士でも勝手に退くことはできない。

敵味方が入り乱れた状態になっても、統制が乱されることなく、前後がわからないような状況になっても敗れることはない。

これが、大軍を統制する手法だ。夜戦では篝火《かがりび》や太鼓をたくさん使い、昼間の戦いで旗幟《きし》をたくさん使うのは、兵士たちを統率するためである。

旗や太鼓、同じ衣服が仲間意識を高める

◆CIで内外に企業理念や統率性をアピールする

よく訓練された軍隊や組織は、号令一つで、一糸乱れぬ動きをします。

指揮官から部下への意思伝達がしっかり行われるかどうかが、混乱を極める戦場において、大きなポイントになります。

無線やインターネットがなかった時代は、鐘や太鼓、旗印が重要な意思伝達手段として使われてきました。

しかし、これらのツールは、兵士たちを統率する手段だけでなく、精神的に鼓舞させる効用もあります。

自軍の旗や幟が戦場に翻《ひるがえ》っている光景は、現場の兵士には心強く映り、士気は高まります。

逆に、相手からすれば、敵方の幟や旗があまりにも数多く翻っているようでは、戦意は萎えてしまいます。

これは、企業の統率力を高める目的でも使えます。ひと頃、「CI」が脚光を浴び、今や定着した感があります。

「CI」とは、「Corporate Identity＝コーポレート・アイデンティティ」の略で、企業が持つ特徴や社会的存在意義、理念を社名やブランド名、ロゴマークなどで簡潔に示したもので、企業の存在を世間や社員にアピールします。

これは、社員の心をまとめあげ、企業内の統率力を高めることに役立ちます。

普段、日の丸を意識する日本人は少ないものですが、オリンピックなどで日の丸が掲揚されたり、君が代が流れたりすると、強く「日本」を意識するものです。

◆「錦の御旗」が倒幕軍を勝利に導いた戊辰戦争

旗印で戦意を高揚させ、形勢を一気に自軍に有利にしたという戦闘が、明治維新の頃にありました。戊辰戦争です。

15代将軍徳川慶喜は大政奉還を行い、政権を朝廷に返上しますが、これでは不十分と、薩長連合を中心とする倒幕軍が立ち上がります。

これに対抗して、徳川慶喜も兵力を差し向け、戦いが始まります。

倒幕軍は、自らが正義の軍隊であることを内外に広くアピールするため、朝廷より「錦の御旗」

を入手します。

戦場の倒幕軍に、天皇家の紋・菊のご紋が織り込まれた「錦の御旗」が翻りました。これで、倒幕軍の士気は一気に高まりました。

一方、「賊軍」の立場に立たされた幕府軍の戦意は喪失し、倒幕軍にとって戦況は俄然有利になりました。

「錦の御旗」によって、倒幕軍には、

「われわれは官軍、すなわち正義の味方である！」

という意思統一がなされたのです。

第四章

「あなたとなら！」と信頼を勝ちとる『人望力』

1

卒を視ること嬰児《えいじ》の如し

卒を視ること嬰児《えいじ》の如し、故にこれと深谿《しんけい》に赴くべし。卒を視ること愛子の如し、故にこれと倶に死すべし。厚くして使うこと能わず、愛して令すること能わず、乱れて治むること能わざれば、譬《たと》えば驕子の若く、用うべからざるなり。（地形篇）

現代訳

将軍が部下の兵士たちを統率するのに、赤ん坊のように愛しんでやれば、兵士はどんな危険があろうとも、深い谷までも将軍についてくるものだ。兵士たちをわが子のように可愛がり、大切にすれば、兵士は将軍を慕い、生死をともにすることができるようになる。

しかし、兵士を厚遇するだけで命令することもできず、規律を乱してもそれを止めることができないようであれば、わがままな子どもを養っているだけで、何の役にも立たなくなる。

上が下を思いやれば、気持ちは通ずる

◆暗い気持ちで社会人生活をスタート……

ある金融機関のトップにまで上りつめた斉藤孝明さん（仮名）の例です。

斉藤さんは、入社してすぐに営業部に配属されますが、最初の上司から、

「君は我が社に、いちばん悪い成績で入社した。よほど頑張らないと、すぐに落ちこぼれてクビになってしまうよ！」

と脅され、暗い気持ちでサラリーマン生活をスタートさせます。

案の定というか、同期入社組で営業成績はいつも最下位。おまけに口下手で不器用なため、出世競争でも完全に遅れをとります。

こんな社員ですから、全国の支店や営業所をたらい回しにされます。

◆出来損ないで苦労した分、部下思いの上司に……

しかし、その誠実な人柄や真面目な勤務態度が徐々に認められるようになり、支店長を任されるまでになります。

といっても、同期入社の中では誰よりも出世は遅く、それまでに、転職やヘッドハンティングされて会社を辞めていった同僚もかなりの数に上っている中でのやっとの昇進です。

支店長になったのは40歳を過ぎたときで、任された支店も地方の奥地で、その支店は、全国でも成績が最下位というありさま。

ところが斉藤さんは、そこでメキメキと頭角を表わします。若い頃に、「仕事を覚えて、はやく一人前になろう！」と思う気持ちが強く、自分が苦労しただけに部下への思いやりは人一倍強く、面倒見もよかったので、支店内の士気も高いものとなったのです。

もちろん、ただ優しいというのではなく、厳しい中にも思いやりのある上司として信頼され、皆がついてくるのです。

そんな部下思いの斉藤さんのもとで働く社員の一人が、大きなミスを犯し、会社に多大な損失を与える事件が起きてしまいました。

その会社の経営方針は、失敗の全責任は現場の人間に押し付けるというものでした。

以前からこのやり方に疑問を持っていた斉藤さんは、経営陣に猛抗議します。

「現場の営業マンにすべて責任を押し付けてしまっては、社員たちがヤル気をなくしてしまいます。ミスを恐れて、新しいことにチャレンジしようという営業マンがいなくなり、いつもモチベーションは下がって若い人材も育たなくなります」

会社をよくしようとする斎藤さんの必死の抗議でしたが、会社はその意見をあっさり却下してしまいます。

覚悟を決めた斎藤さんは、その場で辞表を提出し、会社もその辞表を受理します。

ところが、会社のこの処分に斉藤さんの部下たちが猛反発します。ほかの支店や営業所の社員からの応援も加わって、斎藤さんを復帰させようという要望書の署名が集まります。

この署名運動の騒ぎを知り、驚いたのが会社の経営陣です。

「このままでは、営業マンたちが経営陣の言うことを聞かなくなってしまう……」

と焦り、社長自らが斎藤さんのもとを訪れ、斎藤さんの意見を受け入れる旨を約束し、職場への復帰を要請します。

自分のことより、部下を思いやる斉藤さんの人柄が、部下たちを動かしたのです。

「部下を思いやる……」と口では簡単に言えても、斎藤さんのように、サラリーマン生命と引き換えに部下をかばうことなど、なかなかできるものではありません。

「部下を思う気持ち」が本物であるということが、その捨て身の行動で伝わったのです。

苦しい時代に、保身に汲々《きゅうきゅう》とする人たちが多い中、どこまで「部下（人）」を思いやることができるかで、その人間の器が決まってくるものなのでしょう。

◆「会社が人を雇う」とは？

不況の中、企業は正社員の採用を抑え、非正規雇用の従業員を増やしています。

さらに、リストラと称して社員の「クビ切り」を盛んに行っていますが、そこには思いやりの精神など微塵《みじん》も感じられません。

リストラとは「Restructuring」（リストラクチャリング）の略であり、本来の意味は、「事業の再編」「再構築」のことです。

ところが、苦しい時代の表れなのでしょうか？「人員整理」「クビ切り」の意味を持つようになっています。

企業の経営が苦しくなるのは、社員より経営陣に大きな責任があるように思うのですが、真っ先に「リストラ」されるのは社員です。

本来であれば経営陣は、一度採用した以上、社員をひとりの人間ととらえて、雇用や人生、そしてその家族にも責任を負わなければなりませんが、なかなかその責任感は感じられません。

斉藤さんと同じように人望を集めた人に、旧日本興業銀行の中山素平《そへい》さんがいますが、中山さんは、まさにリストラで苦しんだ人物。

経営が苦しくなり、会社は、当時人事部長だった中山さんに、人員整理を命じます。気が進まない中山さんに、会社は、

「不要な人員からクビを切れ！」

と厳命します。

中山さんはしぶしぶ人員整理のリストを会社に提出しますが、経営陣はそのリストを見て驚きます。リストのいちばん最初に〝中山素平〟という名前があったからです。

「可愛い部下のクビを切るくらいなら、真っ先にオレのクビを切ってくれ！」

と主張する中山さん。

残念ながら、人員整理に関しては中山さんの主張は受け入れられませんでしたが、会社は中山さんを必死に引き留めます。

この誠実な人柄で、中山さんはその後、異例の出世で若くして頭取に就任します。

2 道とは、民をして上と意を同うし

道とは、民をして上と意を同うし、これと死すべくこれと生くべくして、危《うたが》わざらしむるなり。（始計篇）

現代訳

君主の意思と民衆の意思を同化させる。

これによって、いざ戦争となっても、民衆は主君と生死をともにする覚悟を決め、民衆は疑いもせずに最後まで戦う。

信頼関係を築ければ、どんな困難も解決できる

◆社長が社員から絶大な支持を得ている理由

リーダーは、自らの組織の力を最大限に発揮できるように、組織内を結束させなければなりません。指揮官が「この人にならどこまでもついて行きたい」と部下たちに慕われるようであれば、その組織は活力があるに違いありません。

ある衣料メーカーの工場にパートとして働く江藤佐知子さん（仮名）は、かつて社長に声をかけられたときの感激を未だに忘れられません。

「江藤さん、お母様が入院されていたんですってね。お大事にしてあげてくださいね」

江藤さんがまだ半年そこそこしか働きに出ていない頃です。しかも、工場のパートだけで180人もいるのです。

社長は社員だけでなく、パート従業員の顔と名前をすべて覚えていて気さくに話しかけるので、社員やパート従業員からの人気は絶大です。

「私たち一人ひとりに気を遣ってくださる社長のためなら、という気持ちが湧き出て、仕事に熱が入りましたね」

【気が回りすぎシャチョー】

Nさん、お母様が入院されたそうですね。お大事にしてあげてくださいね
カンゲキ
ありがとうございます。（社長についていこう…）
E君、子供さんが受験だそうですね。カゼなどに気をつけてくださいね
カンゲキ
ありがとうございます（社長はこんなことまでご存知なんだ…）
F君、ペットのワンちゃんが、子犬を産んだそうですね。おめでとうございます
ア、ハイ。ありがとうございます
Hさん、お子さんの飼っているカブト虫が卵を産んだそうですね。おめでとうございます
ドッヒョ〜ン！

ちょっとやりすぎ…

3 帰師は遏《とど》むる勿《な》かれ

現代訳

撤退する敵の進路を遮ってはならない。敵を包囲したときは、必ず逃げ道を開けておかなければならない。

窮地に陥った敵をさらに追い詰めてはならない。これが戦いにおける極意である。

敵を追い詰めても逃げ場をすべて遮ってはならない

◆「窮鼠猫を咬む」――敵も味方も犠牲者が増えるだけ

「追い詰めた敵をさらに追い詰めるな」「逃げ道を作っておけ」というのは、敵に対して温情をかけろ、ということではありません。

追い詰められて逃げ道がないとわかると、相手は死に物狂いで向ってくるので、自軍の被害が多くなるため、孫子は「それを避けよ」と教えているのです。

帰師は遏《とど》むる勿《な》かれ、囲師は必ず闕《か》き、窮寇《きゅうこう》には迫る勿かれ、此れ用法の兵なり。（軍争篇）

◆厳しく怒りすぎると逆ギレして辞めてしまう

ビジネス現場でも、このような局面はしばしば目撃されます。

上司は部下を叱る前に、常にこの孫子の教訓を思い起こす必要があります。

上司は〝正論〟で失敗を犯した部下を追い詰め、逃げ道すら奪うような愚行を見かけることがしばしばあります。

とくに「切れ者」で完璧主義者の上司がやりがちなことです。

しかし、失敗した側はあまりにしつこく責め

【怒りすぎると…】

●「こんな初歩的ミスをなぜするんだ!」
●「もっと考えて仕事をしろ!」
●「お前はこの間もミスをしたろう!」

ゆ ゆきすぎた
と とがめに
り りえきは何もなし

られると反省の念は失せ、反発心の方が勝ってしまうものです。とくに最近の若者は、親や教師から叱られたという経験が少なく、免疫ができていないのです。

すぐに「キレ」て、ちょっと叱られただけで会社を辞めてしまうことも珍しくありません。相手の言い分やいい訳にも、聞く耳を持ってあげることです。

「ゆとり」がない時代だからこそ、叱る側に精神的な「ゆとり」が求められるのです。

さらに気をつけたいのは、

「そういえば、お前はこの間も同じような失敗をしたな！」

などと、ついでに別件を持ち出して叱ることです。そのひと言で部下の反抗心が倍増するのは間違いありません。まさに逆効果となり、不貞腐れたり、辞表を提出されること請け合いです。

4 三軍の事を知らずして

夫れ、将は国の輔《たす》けなり。輔《ほ》、周《しゅう》なれば則ち国必ず強く、輔《ほ》、隙《げき》あれば則ち国必ず弱し。
故に君の軍に患《わずら》うる所以《ゆえん》の者に三あり。
軍の進むべからざるを知らずして、これに進めと謂《い》い、軍の退くべからざるを知らずして、これに退けと謂う。是れを「軍を縻《つな》ぐ」と謂う。
三軍の事を知らずして三軍の政《せい》を同じうすれば、則ち軍士惑う。
三軍の権を知らずして三軍の任を同じうすれば、則ち軍士疑う。三軍既に惑い且つ疑うときは、則ち諸侯《しょこう》の難至る。是れを「軍を乱して勝を引く」という。（謀攻篇）

現代訳

そもそも将軍は、君主の補佐役である。

補佐役と主君との息が合っていれば、国は強くなるものである。補佐役と主君との息が合っていなければ、国家は弱くなってしまう。主君が軍政についてやってはいけないことが三点ある。

一つ目は、軍隊が進んではいけないような状況のときに進めと命じ、退却すべきではないのに退却を命じてしまうこと。これをやってしまっては、軍隊を束縛しているようなものだ。

二つ目は、軍隊内の事情を知らないのに、君主が軍政を司ること。これでは軍幹部は戸惑い、方針を見失ってしまう。

三つ目は、指揮系統を無視して現場に口出しすること。軍幹部たちは混乱してしまう。

これでは、軍隊を乱して戦いは破れる。

一度任せたなら、決して口出ししてはならない

◆有能なトップほど陥りがちな罠とは？

ここでは、補佐役の重要性と、指揮系統の大切さを説明していきます。

切れ者で有能なトップほど、「自分は常に正しい」という自負心が強くなります。しかし、そこに〝落し穴〟があります。

トップが自信過剰になってしまえば、周囲の

声に耳を貸さなくなり、知らず知らずのうちに孤立していきます。

いかに有能な人間でも、一人の人間には限界があります。一人の人間が君臨し続けるような組織は、いずれ必ず衰退していくものです。

「有能すぎる」人間は、自分が万能のように思えてきて、組織内のことをすべて仕切らないと気がすまず、末端の細々としたことにまで口出しするようになります。

こうなると、指揮系統を無視した命令まで出すようになります。

例えば、上からおりてくる命令は、

「社長→部長→課長→ヒラ社員」

というように、順序だって伝わらなければなりません。一方、下から上がってくる報告は、この逆の順序をたどることになります。

ところが、社長から部長を飛び越えて、課長やヒラ社員に命令が下されるようでは、現場は混乱してしまいます。

命令や報告を飛ばされてしまった中間管理職は、メンツを潰された形となり、士気にも悪影響を及ぼします。

◆部課長を飛び越え社長が指示し、現場は大混乱！

ある中堅のメーカーの話です。

強烈な個性の創業社長が一代で築き上げた企業ですが、この社長が、常に現場に目を光らせていなければ気がすまないタイプでした。

不意に現場に現われては、細々とした指示を社員たちに出すのですが、これがときには混乱をもたらします。

現場の事情を知らない社長が指示を出すわけですから、ときには部課長が出した指示とまったく異なるものが出ます。

指示を受けた社員たちは、どうしたらいいのかわからず、仕方なく社長の指示に従うこともありますが、これがまた、混乱をもたらす結果を招きます。

これでは、取引先にまで迷惑が及ぶため、現場の部課長はその尻拭いに追われる始末。

現場の部課長もヒラ社員も、

「また、社長の口出しがあるかもしれない……」

と、自主的に判断して動くことをしなくなります。さらに、管理職のヤル気を削いでしまうという大きな問題も……。

◆ワンマンの下では有能な部下は育たない

そのため、社長に次ぐナンバー2がまったく育たず、何から何まで口出しする社長のワンマン体質が、ますます強まっています。

「この会社は社長が一代で築き上げ、ここまで育て上げたが、これからさらに大きくなるには、あの社長の存在は邪魔だ」

という内外の見方が強いのですが、社長はそんな見方をされているとは露知らず、今日も現場にフラッと現われては、細々と口出ししてきます。

このように、有能な人間ほど他人に任せることができなくなる傾向があります。

例えば、松下電器を一代で築き上げた松下幸之助さんは、自分が病弱であることもあって、信頼できる部下たちに次々と権限委譲を行ってきました。

部下たちもその信頼に応えようと努力し、その結果、有能な人材が育ち、会社も大きくなっていったのです。

【じっとこらえて…】

営業部
あの件はああしろ!
総務部
あの件はどうした?
広告宣伝部
あのクライアントに頼め!
社長はだまってサッポロビール
ふるいッ!
BEER

5 道を修めて法を保つ

善く兵を用うる者は、道を修めて法を保つ。故に能く勝敗の政を為す。（形篇）

現代訳

戦争の上手な者は、人心を一つにまとめ、規律ある軍隊を作り上げる。だから、勝敗を思うようにできる。

下が気持ちよく働けるように常に気を配れ！

◆社員の結束力こそ最大の武器なり！

孫子は、上に立つ者の「統率力」の重要性を説いています。

しかも、上に立つ者は下を厳しく抑えつけるのではなく、士気を高めるようにもっていくのが、指揮官の役目であるとも言っています。

ある会社は、20年連続で増収増益を続ける超優良企業。

しかし、その会社には、突出したビジネスモデルがあるわけでもなく、競合他社の攻勢も激しく、厳しい業界です。

それなのに、なぜこんなにも長い間この会社は、増収増益を続けられているのでしょうか？

その成長の秘密を問われて、社長は、

「社員がわが社の宝です！」

と言い切ります。

確かにこの会社は、同業他社と比較して離職率が低く、そこだけが特徴です。しかし、特別に待遇がいいわけでもありません。

ある社員の一人は、

「この社長のもとなら、働き甲斐があるように感じるんです！」

と、キッパリと証言します。

◆社員たちが共感する「夢」を語る社長

例えば、社長はよく社員たちの前で「夢」を語るのだそうです。

●「自分は若いときに一人で創業して、ようやく事業が軌道に乗り出したときに子どもが生まれ、子どものためにますます頑張ろうと発奮した。はじめて家を建てたときの感激も忘れられない。オレはこの感激や喜びを、社員全員に感じて欲しい」

●「いずれ会社が大きくなったら、あちこちに支店や支社を出して、社員たちに任せたい」

将来のビジョンを語ることで、社員たちが安心して働ける雰囲気があるといいます。

しかしそれ以上に、社員を厳しく指導する一方で、社員たちを愛する側面も強いといいます。

◆「大事な社員をバカにする会社とは、こっちから願い下げだ！」

ある幹部が話してくれました。その幹部がまだ新人だった頃、得意先とトラブルが発生します。

先方は「お前じゃ話にならん。社長を呼んでこい！」と高圧的に出ます。

報告を受けた社長は、一緒に得意先に出向きます。しかし、最初は低姿勢で話を聞いていましたが、部下の悪口が出るに及んで〝キレ〟ます。

「あんたら、オレたちを下請けだと思ってバカにしているのか！　こいつはウチの大事な社員だ。それをバカにするようなところとの付き合いは、こっちから願い下げだ！」

と啖呵《たんか》を切ったのです。

大きな得意先を失う結果となりましたが、この社長のもとで、社員たちの結束力はますます強いものとなっていったのです。

6 将の能にして君の御せざる者は勝つ

現代訳

将軍が優秀で、なおかつ君主が信頼し細かいことに口出ししなければ、勝つことができる。

すべてを任せられる腹心がいれば組織は安泰である

◆ときにナンバー2はトップより大きな存在となる

専制君主という言葉があります。一人の支配者がすべてを取り仕切る体制です。

企業であれば、ベンチャーの会社の創業者に多くいるタイプです。意思決定が早く、物事がスピーディに運びます。

しかし、ワンマン社長だけでは、その企業の成長に限界があります。いかに社長が優秀であっても、一人の才能や采配には限度があるからです。

そこで、会社を発展させるためには、ナンバー2の存在が重要性を帯びてきます。

ナンバー2がトップを支え、二人三脚で大企業に成長させたケースは多々あります。

例えば、本田技研工業（ホンダ）の本田宗一郎さんと藤沢武夫さん。そして、ソニーの井深《いぶか》大《まさる》さんと盛田昭夫さん。

この大企業の2社に共通しているのは、トップとナンバー2がそれぞれ役割を分担しているという点です。

つまり、トップは自分に足りない部分を自覚し、それを補う人間（ナンバー2）に任せるという点です。

将の能にして君の御せざる者は勝つ。（謀攻篇）

孫子も、君主は優秀な将軍を信頼し、細かいことには口出ししないように戒《いまし》めています。

◆世界のホンダのトップとナンバー2の熱い信頼関係

本田宗一郎さんと藤沢武夫さんをケーススタディにしましょう。

技術畑を歩み続け、経営のことをまったく知らない本田さんを支えてきたのが、藤沢さんです。

逆にいえば、経営を任せられる藤沢さんという人物がいたからこそ、本田さんは安心して技術開発に専念できたわけです。

お互いに信頼し合い、相手に対してあまり口出ししないエピソードとしてよく知られているのが、藤沢さんは自動車会社に勤めながら、車を運転しなかったという事実です。

立場上、仕方なく運転免許を取ったものの、免許証を靴べら代わりに使っていたといいます。

一方、本田さんは、

「会社の実印を見たことがない」

と述懐しています。

つまり、藤沢さんに実印を預け、経営にはまったくタッチしていなかったわけです。これは、お互いに信頼関係があればこそ。

では、仲が良かったのかというと、ベタベタした関係はありませんでした。

趣味がまったく異なるため、社外での活動は別行動。そのため一時期、両者の不仲説が流れたほどです。

◆名誉のメダルを真っ先に位牌の前に捧げた本田宗一郎氏

しかし、両者が信頼関係でしっかり結ばれていたことは、次のエピソードが示しています。

本田さんが日本人としてはじめてアメリカの自

動車殿堂入りを果たしたときのことです。

アメリカでの授賞式を終えて帰国した本田さんは、成田空港から直接、藤沢さんの自宅に向いました。

そのとき、すでに藤沢さんは鬼籍に入っており、本田さんは藤沢さんの位牌に記念のメダルを見せて語りかけました。

「これはオレがもらったんじゃねぇよ。お前さんと二人でもらったんだ」

ホンダが世界規模の企業にまで成長したのも、この二人の固い絆があったればこそといえるでしょう。

第伍章

難題に立ち向かって
勝利する
『問題解決力』

1 怒りを以て師を興こすべからず

主は怒りを以て師を興こすべからず。将は慍《いきどお》りを以て戦いを致すべからず。利に合えば而ち動き、利に合わざれば而ち止む。怒りは復た喜ぶべく、慍りは復た悦ぶべきも、亡国は復た存すべからず、死者は復た生くべからず。故に明主はこれを慎み、良将はこれを警《いまし》む。これ国を安んじ軍を全うするの道なり。（火攻篇）

現代訳

君主は怒りという一時的な感情で戦争を起してはならない。将軍は憤りをもって戦ってはいけない。国益に合うようであれば戦いを挑み、国益にそわないようであれば戦いを起こさない。

怒りの感情はやがて収まり、いずれ喜びの感情も芽生える。憤りもやがて静まって、心地よい心境にもなれる。

しかし、戦争で敗れて滅んでしまった国は再興できず、死んでしまった者が生き返ることはない。

ビジネスは感情ではなく理性で判断する

◆相手の足を引っ張ることだけに闘志を燃やす社長

怒りという感情は、ときには冷静な判断を狂わせることがあります。ビジネスにおいては、その感情は、大きな障害となりかねません。

ある食品メーカーのA社長とB専務は、若い頃から二人三脚で会社を大きくしてきました。

ところが、あるとき感情的な対立から2人は決裂し、Bさんは腹心を数人連れて会社を辞め、独立。そして、以前勤めていたような食品メーカーを立ち上げ、同じような商品を発売します。

しかし、Aさんに対する敵愾心《てきがいしん》が消えないBさんは、ビジネスの大きな目標を「Aさんの会社の足を引っ張る」ことに重きを置きます。

Aさんの会社と同じような商品ばかりを売り出し、販売店もAさんのところの近くばかり。

つまり、Bさんは商売の目的を「利潤追求」

ではなく、「復讐《ふくしゅう》」に置いたのです。

そのため、Aさんの会社と値引き合戦や過剰なサービス合戦など、不毛な戦いを続けます。

Bさんの部下もときには諫《いさ》めますが、Aさんとの戦いに関しては一歩も譲りません。

部下たちも半ば諦め顔で、仕方なく収益を上げられる差別化商品を開発して会社を支えますが、社長の個人的な〝戦い〟で収益を消してしまうという事態に陥っています。

孫子の言う、利に合わない戦いはやってはいけないのです。

◆はやる気持ちを抑え、冷静に考える時間を作ろう

熱くなった頭を冷やして、冷静な判断を下すことに経営者たちがいかに腐心しているか、次の事例からもわかります。

ある老舗《しにせ》菓子メーカーの社長は、就任して間もなく不況の嵐が襲いかかり、取引先のメインバンクが破綻《はたん》してしまいます。大口の融資先がなくなるとなれば、企業の存亡にも関わる大問題。この事態に会社内は騒然とします。

ところがその日、社長は会社に姿を見せませんでした。「新しい融資先を探しているんだろう」などと社員は噂しますが、実はそのとき、社長は釣り糸を垂れていたのです。もちろん、事態は把握していました。

そしてその翌日、別の銀行を訪れ、大口の融資を引き出すことに成功しました。社長は1日、間をとったことで冷静になり、取引交渉もうまくいったと述懐しています。

もしも、メインバンクが破綻したその日に取引交渉を行っていたら、どうなったでしょうか？

焦る気持ちばかりが先走って冷静さを失い、うまくいかなかったかもしれません。

2 先《ま》ず勝つべからざるを為す

昔の善く戦う者は、先《ま》ず勝つべからざるを為して、以て敵の勝つべきを待つ。勝つべからざるは己にあり、勝つべきは敵に在り。（形篇）

現代訳

昔から巧みに戦いに臨む者は、まず敵に負けないように守りを固めた上で、敵が弱みや隙を見せる、つまり自軍が勝てるような状況を待った。

どんな敵が相手でも、負けない態勢を作るのは自軍のことだが、勝てるような態勢になるかどうかは敵の状況による。

まずは「負けない」体制を作る

◆バブル期に攻めた銀行と、抑えた銀行の顛末

敵と戦う前に、自軍の体制をどう整え、作り上げていくか？

孫子は、勝つことよりも、「まずは負けない体制を整える必要がある」と強調しています。

この「負けない体制」作りの教えは、ビジネスを遂行する上での組織作りなどにも、大きなヒントを与えてくれます。

1980年代後半のバブル経済全盛の頃、好景気の波に乗って、日本の各銀行は、積極的に不動産会社や土地開発業者に融資していきました。そして、投資した不動産は高騰し、銀行は業績を伸ばしていきます。

しかし、その中にあってM銀行だけは、慎重な融資姿勢を崩しませんでした。そのため業績面で他行より大きく遅れをとることとなります。

が、その後バブル経済が崩壊。不動産価格は大暴落し、各銀行が融資していた企業もとたんに業績が悪化していきます。

そして、各銀行が積極的に行ってきた融資は、その多くが不良債権化していきました。

こんな中、慎重に融資先を絞っていたM銀行だけは、バブル崩壊の痛手を最小限に抑えることができたのです。

バブル期は業績面で遅れをとっていたM銀行ですが、「攻め」よりも「守り」を重視した姿勢を貫いたおかげで、その後、他行に対して優位に立つことができたのです。

◆攻め一辺倒の組織は守りには弱い

次のような例もあります。

ある地方都市で、ライバル同士の企業がシェア争いを繰り広げていました。

この2社の営業所は、まったく対照的な組織構成になっていました。

A社の営業所は、営業の世界を渡り歩いてきたツワモノ営業マンたちが集まった集団です。しかもベテラン揃いで、積極的なイケイケの営業を展開していました。

営業マンへの成功報酬も潤沢で、A社営業所は業績を伸ばしていきます。

一方、B社の営業所は、どちらかといえば和気あいあいとした家族的な雰囲気でした。

好々爺風の営業所長のもと、まとまりはよかったものの、新設営業所のためか経験が浅い営業マンばかりが集まり、なかなか業績は伸びませんでした。

しかし、やがてA社の営業所とB社の営業所の業績は逆転してしまうことになります。景気後退が、A社の営業所をガタガタにしてしまったのです。

もともと一匹狼的な営業マンが多く、売上げが落ち込んで会社からの報奨金が減額されたのをきっかけに、条件がいい会社を求めて次々と辞めていったのです。

強力に見えた組織も、ちょっと風向きが変わっただけで、たちまちガタガタになってしまいました。「攻撃型」組織の弱みでした。

◆理想は攻めと守りのバランスがとれた負けない組織

両方の組織を知り尽くしていた人物が分析してくれます。

「A社の営業所の営業マンは、それこそ、一人ひとりが個人事業主みたいなものでした。

そのため、横の連携や協力がまったくといっていいほどなく、各人が顧客の情報を独り占めし、営業回りや帰宅のためデスクを離れるときは引き出しに鍵をかけて、所内のライバルたちに顧客情報を盗まれないように警戒しているほどでした。

それこそ、同じ職場の社員同士が顧客を奪い合ったり、お互いの足の引っ張り合いもあったりしました。

一方、B社の営業所はチーム力が強く、それぞれが抱える顧客情報をみんなで共有していました。そして、何かあったときは、みんなでフォローし合い、助け合ったのです。

それこそ、景気後退が逆に追い風となり、所内のみんなが一致団結して、お互いに協力し合って、荒波を乗り越える原動力になったのです」

A社は攻撃的で、新規顧客を獲得して拡大しているときは、見かけ上うまくいっていました。ところが顧客へのフォロー、つまり守りが手薄だったため、やがて顧客離れが起こったのです。

攻めばかりを重視した組織作りで、守りが手薄になってしまった好例といえるでしょう。

●イケイケ部隊（A）

[バブル期]
営業に
行ってきます！
ウム…

**「攻め」には強いが
「守り」には弱い!?**

●和気あいあい部隊（B）

部長、バブル期に
慎重姿勢を貫いて
正解でしたね！
ウム…

**「守り」には強いが
「攻め」には弱い!?**

⇩

（A+B）÷2=理想

**要するに、バランスが
大事ということ**

3 智名も無く勇功も無く

現代訳

戦上手が勝利を収めたときは、「智者」としての名声もなく、「勇者」という功績も認められない。

他者から評価されることを目的としない

◆地味に当たり前のように勝利せよ！

孫子では、衆人から拍手喝采を浴びるような勝ち方は、決していい勝ち方ではないと断じています。

スポーツでも、ギリギリのプレーは派手に見えて観客を沸かせます。しかし、その上をいく名プレーヤーは、ギリギリのプレーをごく当たり前のようにこなします。地味に当たり前のように勝利することを目指すべきなのです。

善く戦う者の勝つや、智名も無く勇功も無し。（形篇）

ビジネスでも一か八かの大勝負で勝ちを獲得するより、地道に努力を積み重ねながら実績を残したいものです。トータルでは、後者がいい結果を残すケースが多いようです。

しかし、これは、評価する側の〝眼力〟も問われるところです。

ある営業所の所長から「部下をどう評価するか？」というテーマで伺ったときの話です。

AとBという好対照の営業マンがいました。

Aさんは、とにかくアグレッシブな営業で、新規の飛び込み営業も厭《いと》わず、ライバル会社がガッチリ押さえているところにも単身乗り込み、粘り強い営業で顧客を獲得します。派手な営業スタイルで、営業所でも耳目を集めます。

一方のBさんは、Aさんとは対照的に地味な営業スタイルを貫きます。飛び込みの営業はほとんどせず、馴染みの顧客のところにマメに顔を出し、付き合いを深交させるというもの。

お客さんとその家族の誕生日をすべて覚え、当日には手書きのお祝いメッセージを贈ります。毎月、「お役立ち情報」をまとめたレポートも送付。

こうして付き合いを深め、そこから新規の顧客を紹介してもらい、実績を積み上げています。

◆派手な勝ち方も状況によってはダメとも言えない

Aさんが新規で顧客を獲得すると、一気に大量の数字を積み上げることから、営業所の雰囲気も盛り上がります。

Aさんの営業手法は、新人営業マンのお手本として取り上げられることもしばしばで、スター営業マンとして持てはやされます。しかし最終的な成績は、地味で目立たないBさんの方が上回るといいます。

孫子の言うところの「善く戦う者」が、地味に勝ちを収めているBさんということになります。

しかし、現実にはそうコトが単純に割り切れないケースもあります。

Aさんの名誉のために付け加えておきますが、所長に言わせると、「Aの評価も決して低くはない」とのこと。一つは、営業所の士気を高める上で重要な役割を果たし、同じ新規顧客でも、Bさんのお得意さんからの紹介といういわば延長線上の顧客ではなく、まったくの新規開拓という意味で、数字以上の評価があるということです。

単に同じ勝利でも、「評価」は多方面から検討しなければならないということです。

孫子は単に、「大衆受けする勝利を狙ってはいけない」と戒めているのです。

4 算多きは勝ち、算少なきは勝たず

夫れ、未だ戦わずして廟算《びょうさん》するに、勝つ者は算を得ること多きなり。未だ戦わずして廟算するに、勝たざる者は算を得ること少なきなり。算多きは勝ち、算少なきは勝たず。しかるに況《いわん》や算無きに於《お》いてをや。吾れ、此れを以て之を観るに、勝負見《あら》わる。（始計篇）

現代訳

戦う前に霊廟《れいびょう》にこもって戦争に関する作戦会議を行うにあたって、そこで「勝つ」ということは、勝算を獲得するということである。

そこで、「勝ちを逃す」ということは、勝算を得ることが少ないということだ。

事前の計算で、勝算が大きい方が、実際の戦いでも勝つことが多く、勝算が少ない方が、実戦で勝つことは稀《まれ》である。

まして、勝てる要素がまったくないのであれば、勝つわけがない。

勝算が立ってはじめて実践に臨む

◆戦力が強ければ勝ち、弱ければ負けるのは自明の理

ビジネスにおいて、新しい事業を起そうとしたり、新しい地域に進出しようとするとき、「勝算がどれだけあるのか？」を見極めることはとても重要です。

ビジネスにおける「戦力」とは、人材であったり資金力であったりします。

自社の戦力がライバル会社の上をいけば、勝つことができるでしょうし、逆に戦力が劣っていれば、勝つことは難しいでしょう。

これは自明の理で、誰もが「当たり前だ！」と思うでしょう。

しかし、これができずに失敗するケースが多々あるのです。

これは、マーケットを読み違えたり、自らの能力の分析を誤ったりすることが原因です。

つまり、自分のポテンシャルを冷静に分析することが求められるのです。

敵味方の戦力の分析ができたら、どのようにして戦うのか、次のステップとして考えなければなりません。

◆勝つ見込みがなければじっと努力し、その日を待つ

日清戦争後、日本は清国から遼東《りょうとう》半島の租借権を獲得しますが、ロシアがフランスやドイツを巻き込んで日本に圧力をかけ、返還させます。

いわゆる三国干渉ですが、ロシアという強国に軍事力で劣っていた日本は、対抗する外交力を持っていなかったのです。

日本は、「臥薪嘗胆《がしんしょうたん》」（仇《かたき》を討つために、絶えずそのことを考え、長い間の苦難に耐え忍ぶこと。転じて、目的を果たすために長い間苦労し、努力するという意味を持つ）を合言葉に、国力をつけます。

その後、東方に膨張を続けるロシアに対して、ようやく対抗できる軍事力を身に付けたところで、開戦に踏み切ります。

日露戦争は、日本は勝つ見込みがあったからこそ、開戦に踏み切ったわけですが、太平洋戦争（第二次世界大戦）は、勝つ見込みが立たないままに突入してしまった戦争でした。

為政者や経営陣の判断ミスは、国を滅ぼしたり、会社を潰したりする結果をもたらします。

敵味方の戦力分析が終えた後の次の行動は、戦力のバランスによって異なってきます。

勝算の見込みを立てることに関しては、ビジネスで成功の見込みを立てることにたとえられます。新規事業を起こす際の事業計画の立案を例にして、考えてみましょう。

まず、自社の「戦力（＝能力）」を考え、マー

ケティングを行い、どのくらいの需要があるのかなどを検討します。

こうして検討し、新規事業に採算性がなければスタートさせることはないはずです。これは、勝算がなければ戦争を起さないのと同じです。

◆ビジネスでは「利益が出せるか?」がいちばん重要

一代で事業を起こしたカリスマ社長の会社でのことです。

そのカリスマ社長のもとに事業部長がやって来て、新製品を提案しました。

博士号を持つ事業部長は、得意満面で新製品の説明を始めます。その新製品が、いかに社会的に価値があるか、いかに素晴らしい性能を持っているか……。

延々と話し続ける事業部長の話が終わると、社長が言いました。

「新製品がいかに社会的に素晴らしく、価値があるかはだいたいわかった。しかし、会社にとって肝心なのは、それが売れるかどうかだ。利益を出せる商品なのかどうかがいちばん大事なんだ。その点はどうなの?」

事業部長は絶句します。会社にとっていちばん大切な、

「その新製品は利益を出せるのかどうか?」

という視点が、この事業部長にはまったく欠けていたのです。

いくら新製品の良さを説明しても、これでは「勝算がある」とは断言できません。

なお、勝算はあらゆる角度から検討して、本当に正しい算出法なのかどうかも含めて、勘案する必要があります。

【KYな人】

社長。

地球にやさしいエコ商品を発明しました!

ほう。実用化にいくらかかる?採算は?

開発費はおよそ1,000億円。利益はざっと見て、30円ほどでしょうか?

バカッ
それじゃあ、大赤字じゃないか!

材料費として、やむをえず四国分の森林を伐採する必要がありますが、これも世界初のエコ商品のためです!

アホッ。それのどこがエコなんだ!まったく話にならん!

ワナワナ
これならノーベル賞も夢じゃないな…

キラッ
ムフフ…

空気の読めない
バ科学者社員

5 此の六者は天の災に非ず。将の過ちなり

故に兵には、走なるものあり、弛なるものあり、陥なるものあり、崩なるものあり、乱なるものあり、北なるものあり。およそ此の六者は天の災に非ず。将の過《あやま》ちなり。（地形篇）

現代訳

軍隊には、「遁走《とんそう》する」「弛《ゆる》む」「落ち込む」「崩壊する」「乱れる」「敗走する」の六種類の敗北の要因がある。

これらはすべて災害ではなく、将軍の過失によるものである。

負けるのには6つの要因があることを肝に銘ずる

◆トップの姿勢ひとつで「負け」は防げる

孫子は、指揮官に起因する敗北を、以下の6つに分けています。

①**「走」（遁走）**……10倍もの圧倒的多数の敵を前にしたら、戦わずして逃げ去るしかない。

②**「弛」（弛緩）**……規律が甘く、兵士たちを厳しく管理できないのでは、軍隊は弱体化する。

③**「陥」（陥没）**……規律は厳しいが、兵士の士気が低いようでは、あっさり降伏してしまう。

④**「崩」（崩壊）**……軍の官吏《かんり》が将軍に楯突いては、軍隊内の統率が乱れて内部から崩壊する。

⑤**「乱」（混乱）**……将軍の方針が定まらず、軍令も明確でないのであれば、軍全体が混乱する。

⑥**「北」（敗北）**……敵の情勢を計ることができず、小勢が多勢の敵に戦いを挑むようでは、あえなく敗走する。

この6つの「敗因」は、将軍の責任によって事前に防げるというのです。

これは、企業組織にも同様のことが言えます。企業のトップの姿勢によって、組織は強くもな

り、弱くもなります。一見、堅固に見える組織も、逆風が吹いたときにはじめて真価が問われます。

◆「たとえダメでも、会社の最後を見届けるのもいい経験になる……」

逆境に直面して評価された経済人に、吉野家ホールディングス社長の安倍修仁さんがいます。

吉野屋ホールディングスといえば「牛丼の吉野家」ですが、狂牛病問題でアメリカ産牛肉の輸入に規制がかかったとき、盛んにテレビに出演して、その現状を明らかにしたのが安倍さんです。

その原点は、吉野家がかつて倒産の危機に喘《あえ》いでいたときにあります。

安倍さんは、福岡の工業高校を卒業した後、ミュージシャンになることを夢見て上京します。そこで、まだ数店舗しかなかった吉野家にアルバイトとして勤めるようになります。

その後、正社員として入社しますが、業績不振で事実上倒産。会社更生法の適用を受けながら、安倍さんたちは必死に建て直しを図りますが、一人また一人と社員は去っていきます。

そんな中で安倍さんは踏み止まり、辞めようとする社員を引き止めにかかります。このときの心境を「美意識の問題だと思った」と語っています。

「社員が辞めて、会社が機能しなくなっての倒産では、吉野家を潰したのは自分たちということになってしまう。それだけは絶対に避けたい。

そして、たとえダメになっても、最後まで見届けるのもいい経験になるではないか……」

と、辞めようとする社員を説得します。

安倍さんたちの努力が実って、吉野家はやがて立ち直り、安倍さんは社長にまで上り詰めます。

現場の人間をまとめあげ、士気を高めることが、指揮官（管理職）の大きな役目なのです。

6 兵は国の大事

現代訳

戦争とは、国民にとって死活にかかわることであり、国家にとっては存亡にかかわり、岐路となる一大事である。
上に立つ為政者は、戦争を開戦するにあたり、よくよく慎重に考慮しなければならない。

兵は国の大事なり。死生の地、存亡の道、察せざる可からざるなり。（始計篇）

自ら置かれた立場をわきまえ、進むべき道を探る

◆常に問題意識を持ち、している仕事の意義を考える

ビジネス現場にたとえるなら、「戦争」を「事業」に、「国家」を「会社」に、「国民」を「社員」に、「上に立つ為政者」を「経営陣」に置き換えるとわかりやすいと思います。

会社は、事業を行うことによって収益を上げ、経営を成り立たせ、会社を存続させます。

事業がうまくいくかどうかは、会社の存続に関わる問題で、失敗すれば業績は落ち込み、最悪、倒産ということになりかねません。

経営者は、事業の内容を吟味《ぎんみ》し、「社会に受け入れられるのか？」「経済的に成り立つのか？」、慎重に検討する必要があります。

孫子では、以下の5つの点で敵味方を比較し、実情把握をしっかり行えと説いています。

①人民とその上に立つ者が心を一つにしているか
②暑さ、寒さといった自然の巡り
③戦地までの距離や地形といった地理上の有利不利
④敵味方の将軍の才知や信頼度、部下への思いやり、勇猛果敢さ、威厳といった器

⑤軍隊を編成する上における統制や管理能力

以上は企業経営にそのまま応用でき、一人ひとりのビジネスマンも肝に銘じたいところです。

上司から与えられた仕事を、ただ漫然とこなすのではなく、やっている仕事の意義を常に考えることです。

問題意識を持つことで、作業の改善点や、ときには事業の問題点すら浮かび上がってきます。

◆ある政府系外郭団体の存在理由とは？

ある政府系外郭団体職員と話をしたときのことです。その団体は、官僚の天下り先として有名で、存在意義そのものに世間が疑念を抱いているところです。私は単刀直入に迫りました。

「存在意義がないとは言わないが、多額の税金を投入するほど、社会的に貢献をしているとは思えない。統合・整理すべきではないか？」

「そんなことをしたら、オレが失業するじゃないか！」

確かに生活がかかっている彼の言い分はもっともですが、彼は自分の都合を真っ先に挙げました。

その言い分は、官僚たちが税金を都合のいいように使い回すシステムを作り上げ、利権を手放そうとしない姿勢と二重写しになりました。

彼がやっている主な仕事は、新聞・雑誌をチェックし、自分たちの団体に関する情報収集、要するに、自らの存在を脅かす記事が書かれていないか、探すというもの。

その業務に社会的貢献があるのかは甚《はなは》だ疑問で、彼にとって仕事は単なる食べていくための手段に過ぎず、仕事を通じての「自己実現」などとはほど遠いものでした。

「社会人としてそれでいいのか？」

私は、その疑問が心から離れませんでした。

7 兵は拙速《せっそく》を聞く

兵は拙速《せっそく》を聞くも、いまだ巧の久を睹《み》ざるなり。それ兵久しくして国の利する者は、未だこれ有らざるなり。故に尽く用兵の害を知らざる者は、則ち尽く用兵の利をも知ること能わざるなり。（作戦篇）

現代訳

戦争においては、戦果が不十分など多少問題があっても、速やかに戦争を終わらせる方がいいようだ。

完璧な勝利を目指して戦争を長引かせても、いい結果が出たためしがない。長期戦において、利益を得た国家はないのだ。

そのため、戦争を起すことによって生じる弊害について、まったく意識していない者は、用兵のやり方とその効果も理解していないといえる。

限られた時間を有効に使う

◆どっちにするか悩む暇があったら行動に移せ！

戦争では、最善策とは思えない方法でも、とりあえず速やかに行動するのがいいとされます。

これは、ビジネスでもあてはまる局面が多々あるでしょう。

「Aという方法を採用するか……？　Bという方法を採用するか……？」と、しきりに迷っている管理職。こんな上司に、部下はもどかしくて仕方ありません。

「Aでも、Bでも、あれこれ考えているより、さっさと試してみればいいんだ！」「コストはほとんどかからないし、時間がもったいない！」

結局アレコレ考えてやっととりかかりますが、さっさとやっていればどちらも試すことができて、しかももっと早く終わっているような状況でした。部下たちは呆れ顔で、士気も低下していたといいます。

◆「時は金なり」を思い知った時間泥棒との付き合い

制作会社社長の高木好晃さん（仮名）は、知り合いの紹介で超有名な経営コンサルタント（以下コンサル）から、ある企業の社員向け研修マニュアルの制作を依頼されます。しかも好条件。

「何でウチに、こんないい仕事が来たんだろう？」

しかし、高木さんは仕事にとりかかって、おぼろげながらすぐに理解します。早速、3案のプランをコンサルに提出しますが、まずそこで停滞。あれこれ迷って決断できないのです。

「申し訳ないけど、この案はこの部分をちょっと手直ししてくれない？　それとこの案は……」

高木さんにしてみれば、どうでもいい点を修正させられます。それでも言われたとおりに修正して提出しますが、コンサルの反応は、

「やっぱり、前の方がいいかな？」

とはっきりしない反応。高木さんは「とにかく、クライアントにプレゼンして、反応を見たらどうですか？」という言葉が喉まで出かかります。

結局クライアントにプレゼンしたのは、いちばん最初に高木さんがコンサルに提出した案とほぼ同じ。クライアントは即決で、

「あ、これがいいですね。これにしましょう」

と呆気ない幕切れ。高木さんは、コンサルと延々続けた打ち合わせがまったく意味がなかったことに気がつきます。コンサルにはまったく悪気がなく、すんなりクライアントに案が通ったのは自分の手柄のようにさえ思っている様子。

ほかに受け手がなく、自分のところに仕事がきたのはもはや明白。

「このような〝時間泥棒〟に付き合わされていたら、仕事の効率や生産性が悪くなり、かえって割が合わない――」

高木さんが経験から得た教訓でした。

8 糧《かて》を敵に因《よ》る

善く兵を用うる者は、役は再び籍《せき》せず、糧《かて》は三たびは載《さい》せず。用は国に取り、糧《かて》を敵に因《よ》る。故に軍食足るべきなり。
国の師に貧なる者は、遠く輸《いた》せばなり。遠く輸さば、則ち百姓貧し。
近師なるときは貴売《きばい》すればなり。貴売すれば則ち財竭《つ》く。財竭くれば則ち以て丘役に急なり。
力は中原に屈き用は家に虚しく、百姓の費、十にその七を去る。（作戦篇）

現代訳

戦争に精通した者は、徴兵を二度繰り返すようなことはしない。さらに、食糧の調達も三度も自国から行うようなことはしない。武器などの戦費は国内で賄い、食糧は敵国内で調達する。

このようにすれば、軍に兵糧は十分に行き渡ることになる。

国家が戦争によって疲弊するのは、遠征した結果、遠距離に物資を輸送しなければならなくなるからだ。

遠隔地にある戦場に補給することになれば、国民は窮乏する。

軍隊が出撃すれば、商人や農民たちは値段をつり上げて物を売ろうとする。

物の価格が高騰すれば、国家財政は破綻《はたん》し、財源が枯渇してしまえば、国民に対する税の徴収も厳しくなる。

コストはかけるべきところにかけよ！

◆かけた「お金」だけでなく「時間」も意識する

孫子では、ここでもコスト意識の重要性を説いています。

戦争は最大の浪費です。経済を破綻させ、国民の生活を困窮させます。

為政者は、この厳しい現実から目をそらせることなく、冷静に戦争に突入するか否かを判断しなければなりません。

ビジネスでも同様です。

経営者や管理職は、

「かけたコストに対して、どれだけのリターンが見込めるのか？」

コスト意識を強く持つ必要があります。

いわゆる「費用対効果」を常に考えて、行動を起こすことが大切なのです。

これは「お金」だけの問題ではなく、「時間」に対しても、同様のコスト意識を持たなければなりません。

◆若い人ほど時間に対するコスト意識が低い？

新入社員を持つようになった江藤昇さん（仮名）は、まず部下の行動を厳しく指導しました。

営業として江藤さんのもとに配属された新入社員の大下誠一さん（仮名）が、外回りをしたときのことです。

例えば、A社、B社、C社、D社の4カ所を回らなければならないとき、通常なら、

「自社→A社→B社→C社→D社→自社」

と回るところを、新入社員の大下さんは、

「自社→A社→自社→B社→自社→C社→自社→D社→自社」

と、いちいち会社に戻っていたのです。

江藤さんにこの回り方を指摘され、大下さんは反論します。

「A社にはA社の案件があり、B社にはB社の案件があります。

ひと区切りつけないと頭が混乱してしまいますし、その方が、ていねいな営業ができるというものです！」

これに対して江藤さんは、

「得意先や営業先を効率よく回って、なおかつ、しっかりと成果を上げるのがプロフェッショナルの営業マンだ！」

と懇々と諭《さと》します。

しかし、大下さんは、江藤さんの言葉に納得した様子ではありません。

後日、江藤さんは大下さんを連れて営業回りに出かけました。大下さんを自らの得意先に紹介しつつ、4カ所を回りました。

最初は得意先を1軒回った後、わざわざ会社に戻ってきて、それから再び別の得意先に出かけるというやり方。これはもちろん、大下さんが今までしていた行動です。

そして後日、いちいち会社に戻ることなく、同じ得意先を順々に回りました。

2つの方法を体験した大下さんは、自分の営業活動がいかに無駄であったかを自覚します。

江藤さんは言います。

「若い人たちは、とかく時間に対するコスト意識が低い。まずはそのことを自覚させることが大切なんです。

逆に、そのことを教育するのにコストは惜しみません。私が大下を引き連れてわざわざ営業に出向いたのは、今後の大下のコストカットを考えると、結果として無駄ではなかったと思ったからです」

◆無駄な行動をいかに正すか意識しよう

ビジネスマンが仕事をするということは、「自らが持つ時間を会社に提供している」ことにほかなりません。

その提供する時間に対して、より大きな対価を得るには、無駄な時間の使い方を正し、また、無駄な行動をいかに削除するかにかかっているのです。

【費用対効果を考えよう】

時間で見ると…

●3時間で商品を500個も量産できる!…… A

●2時間で商品を400個しか量産できない…… B

⬇

実はBの方が効率がよい!

利益で見ると…

●売上げ10億円を達成!(但し経費は8億円)…… C

●売上げ5億円しか達成できない(但し経費は2億円)…… D

⬇

実はDの方が利益率がよい!

9 正を以《もっ》て合い、奇を以て勝つ

凡《およ》そ戦いは、正を以《もっ》て合い、奇を以て勝つ。ゆえに善く奇を出だす者は、窮《きわ》まりなきこと天地の如く、竭《つ》きざること江河《こうが》の如し。終わりてまた始まるは、日月これなり。死してまた生ず、四時《しいじ》これなり。（勢篇）

現代訳

戦闘は正攻法で敵と戦うが、状況によって敵の意表を突く、変則的な戦法で打ち勝つ。

この「奇法」をうまく使う軍隊は、その戦法は天地の動きのように限りなく、大河の流れのように尽きることはない。

太陽の動きのように限りなく、季節が巡るように果てることがない。

相手を打ち負かすには柔軟な働きがものをいう

◆甘くても厳しすぎても柔軟性ある社員は育たない

柔軟な組織であれば、急な環境変化にも、状況に応じてうまく対応できます。

しかし、硬直化した組織では、状況の変化に戸惑い、すぐに対応することができず、衰えてしまいます。

「ケースハード」という言葉があります。これは、適度に焼き入れされた鋼鉄のことです。

鋼鉄は、焼き入れが足りないといわゆる〝なまくら〟になり、焼きを入れすぎるとポッキリと折れやすくなります。

新人教育にも似たようなところがあると、よくたとえられます。

厳しさが足りずに教育されたビジネスマンは、状況の変化に対する判断力が足りず、逆に、厳しすぎる教育を受けたビジネスマンは、マニュアルばかりにとらわれて、柔軟な発想を持つことができません。

旧日本軍の兵士（太平洋戦争当時）は、世界一優秀と言われていました。厳しく訓練されていたからです。

しかし、組織に融通性がなく、戦術はいつもワンパターンで、敵にその行動様式を簡単に読まれていたといいます。

日露戦争で、大国ロシアに勝利したという成功体験も災いしています。

◆度重なる妨害には「奇法」で乗り切る

正攻法だけでなく、状況に応じた「奇法」も、ときには必要になります。

それには、柔軟な発想を持ち、すぐに行動に移せる機動力がなければなりません。

カリスマ社長のもと、大手に成長したスーパーマーケットがありました。

積極的な出店攻勢で拡大していきますが、ライバル会社も指をくわえて黙って見ていたわけではありません。

そのスーパーマーケットがライバル会社のお膝元に出店しようとしたとき、ライバル会社は、あの手この手を使って用地の買収を妨害してきました。

さらに、出店が決まったときも、沿線の鉄道会社に手を回し、電車内の中吊り広告を出させないという手段まで使ってきたのです。

駅に近いという場所柄、新店オープン時に電車内に中吊り広告を出せないというのは大打撃。

このときカリスマ社長は、キャンペーンガールを電車に乗せ、ゲリラ的にキャンペーンを張ってのけるという対抗手段に出たのです。

もしも柔軟な発想と機動力を持ち合わせていなければ、このような「奇法」は成功しなかったに違いありません。

10 形すれば敵必らずこれに従い

故に善く敵を動かす者は、これに形すれば敵必らずこれに従い、これに予《あた》うれば敵必らずこれを取る。利を以てこれを動かし、卒を以てこれを待つ。（勢篇）

現代訳

うまく敵を誘導するものは、わざと隙を見せて敵を引っ掛けるようにする。
敵に利益をちらつかせて誘い出し、待ち伏せしてこれを攻撃するのだ。

力上位の相手に対しては合従連衡策を講じる

◆強敵にまともにぶつかっても痛手を被るだけ

強大な敵と真正面からぶつかり合っては、勝てるわけがありません。倒すはずが逆に返り討ちに合って、下手をすると自らの命取りになってしまいかねません。

そこで、うまく敵を操って、敵の態勢を崩したり、隙を作らせてそこを攻撃するような戦略が求められます。

ビジネスの世界でも、強敵とまともにぶつかり合っては勝てるわけがありません。

そこで、戦力を冷静に分析した上で戦略を立て、ライバルをいかに誘導するかがポイントになります。

日本のマーケットはどの業界も縮小傾向にあり、ライバル会社間での競争は激化し、生き残りをかけ、ライバル会社同士での合従連衡が繰り広げられています。

ある業界で、A社、B社、C社、D社が熾烈な競争を繰り広げているとします。

各社が占めるシェアは、

●A社……40％

●B社……30％
●C社……20％
●D社……10％

だったとしましょう。

トップ企業であるA社以外の企業は、生き残りをかけた戦略を立てなくてはなりません。

B社以下の企業は、上位のシェアを占める企業をライバル視します。

しかし、上位の企業と真正面から戦っては、まず勝ち目はありません。

◆狙うは勝負すれば勝てる自分より弱い相手

上位の企業はあくまで「競争目標」であって、「攻撃目標」は下位の企業なのです。

上位の企業をターゲットに企業戦略を立てると痛手を被ることになり、シェアを落とす結果となりかねません。

かつて自動車業界で、B社の立場にある企業が、この失敗を犯しました。

業界トップのA社を意識した商品開発や広告、宣伝、マーケティングを行い、そのためシェアを落とし、業績をガクンと落ち込ませてしまったのです。

B社としては、目の上のたんこぶであるA社ではなく、C社以下の企業を攻撃目標にした戦略を立てなければならなかったのです。

ということは、下位にある企業は、上位にある企業からの攻撃を避けるための戦略を立てる必要があります。

そこで、例えばC社の立場にある企業は、B社からの直接の攻撃を避けるために、A社に接近するという戦略が考えられます。

業界トップであるA社と業務提携などを考えな

がら友好関係を築き、商品などもA社と棲み分けするのです。

A社はB社を攻撃目標にするので、B社は防戦一方となり、C社を攻撃するどころではなくなります。

こうなれば、C社のシェアは安泰で、加えて、A社の攻撃を受けたあおりでB社のシェアが落ち込み、結果として、C社のシェアが上乗せされるという〝タナボタ〟にありつけるラッキーなケースもありうるのです。

◆「M&A」で戦わずして勢力を拡大する手もある

戦略の選択肢は、ほかにもあります。

B社とC社が手を組めばシェアは50%となり、A社のシェアを追い抜くことになります。

「より大きな戦力を持つところが勝つ」という基本原則から考えると、戦術としては間違っていません。

今日、盛んにM&A(合併と買収)や企業間の合従連衡が繰り広げられる裏には、このような思惑も潜んでいるのです。

以上は企業レベルでの話でしたが、サラリーマンレベルでも、大いに参考になります。

部長、次長、課長、係長と上下関係がある中で、課長が次長を攻撃しても、まず潰されるだけです。

課長は、まずは目下の係長を〝攻撃〟することで、その地位を安泰させることに専念します。

そして、じっくりと力をつけていくのです。

これが、非情なビジネス現場での一面であり、厳しい現実です。

【攻めの王道】

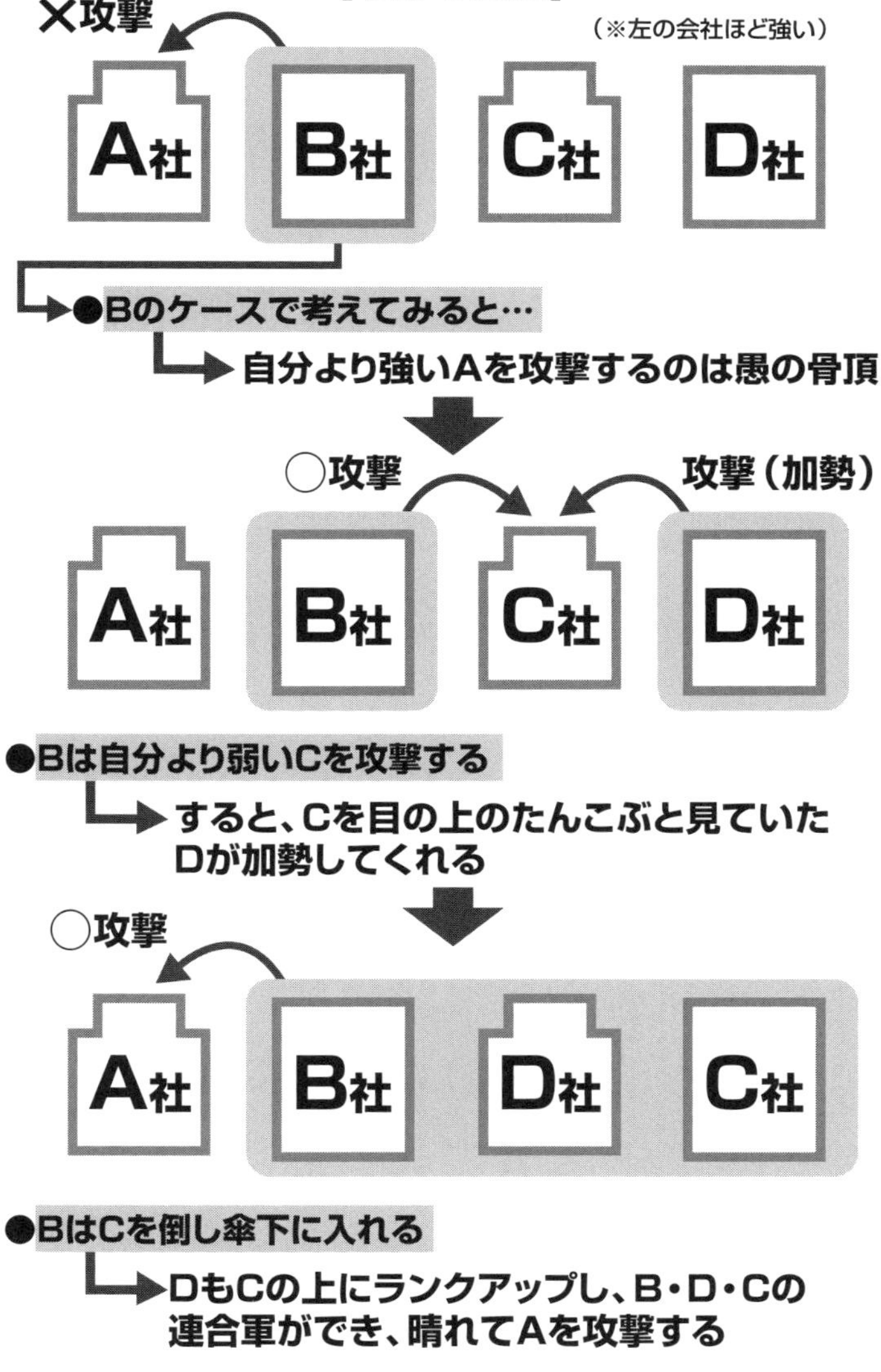
×攻撃
（※左の会社ほど強い）
A社
B社
C社
D社
●Bのケースで考えてみると…
自分より強いAを攻撃するのは愚の骨頂！
○攻撃
攻撃（加勢）
A社
B社
C社
D社
●Bは自分より弱いCを攻撃する
すると、Cを目の上のたんこぶと見ていたDが加勢してくれる
○攻撃
A社
B社
D社
C社
●BはCを倒し傘下に入れる
DもCの上にランクアップし、B・D・Cの連合軍ができ、晴れてAを攻撃する

11 国を全《まっと》うするを上と為し

凡《およ》そ用兵の法は、国を全《まっと》うするを上と為し、国を破るはこれに次ぐ。（謀攻篇）

現代訳

戦争における最上のやり方は、敵国を無傷のまま手に入れるのが最善といえる。敵国を打ち破るのは、次善の策にすぎない。

戦いは極力避ける

◆足の引っ張り合いをするのは愚の骨頂！

孫子は兵法書ですが、そのいちばんの精神は、

●「戦わずして勝つこと」
●「戦争はできるだけ避けるべき」

というものです。

戦争が起こってしまえば、多くの人間が命を落とし、莫大な戦費がかかってしまうからです。それで苦しむのは国民です。

ビジネスの現場でも、同様のことがいえます。

高度経済成長時代のように、マーケットがどんどん拡大していった時代は終わり、現在は厳しい競争の時代となっています。

そこで、企業間での激しい競争が繰り広げられることとなりました。一時期、シェアの拡大競争の結果、値引き合戦が横行しました。

収益を度外視した赤字もいとわぬ戦略で、ただただライバル会社をマーケットから締め出そうとするものでしたが、結果は、自社の業績や経営状況を悪化させるだけでした。

ライバル会社を蹴落とすために足の引っ張り合いをする、まさに〝我慢大会〟のようでした。

しかし、「孫子」流に言うならば、争いは極力避け、ライバル会社とは差別化したマーケットや商品で勝負するなど、「他社とまともに激突するのは避けよ」となります。

◆競合他社との差別化で戦わずして生き残る

マーケットのシェアを上位3社で分け合うある業界では、A社とB社が激しい値引き合戦を繰り広げていました。

C社だけは、A社とB社の廉価製品とは差別化した、高級品を重点販売しています。

さらに、アフターサービスを充実させ、一部の顧客から根強く支持されています。

老舗のC社は、安易な値引き合戦をしなくてもいいという優位性はありましたが、結果として、ライバル会社とまともに戦わなかったC社の一人勝ちとなりました。

◆「提携」「合併」「子会社」も視野に入れ争いを避ける

しかし、ライバル会社と正面からの激突を避けられないケースも多々あります。

そのときこそ、「敵国を無傷に手に入れる」という発想が有効となってきます。

例えば、ライバル会社と「競争」ではなく、「業務提携」や「合併」「子会社化」するなどといった手法がこれに相当するでしょう。

とくに、シェアを争っているライバル会社同士で、先に述べた値引き合戦のような足の引っ張り合いを繰り広げていては、お互いに傷つくだけです。

そこで、最近ではM&Aなどで相手を吸収合併し、相手のシェアをすっぽり手に入れるという手法がよく使われます。

これはまさに、「国を破る」のではなく、「国を全う」することになるわけです。

12 十なれば則《すなわ》ちこれを囲む

故に用兵の法は、十なれば則《すなわ》ちこれを囲む。五なれば則ちこれを攻む。倍すれば則ちこれを分かつ。（謀攻篇）

現代訳

戦い方としては、味方の軍が敵の十倍の戦力であれば、敵陣を包囲する。五倍の戦力であれば、真正面から攻撃する。二倍の戦力であれば、挟み撃ちにする。戦力が同じであれば、奮戦する。

戦力的に自分が有利なら、正攻法で相手を倒す

◆大手の資金力には、もはや中小は打つ手なし……

敵と味方の戦力を比較して、その差に応じて戦い方を変えろと、孫子は強調しています。

強者であれば、戦力が落ちる相手に真正面から勝負を挑むのです。ゲリラ戦、局地戦が戦力が落ちる「弱者」の立場の戦い方なら、戦力に勝る「強者」の戦い方は、「広域な場での総合戦」「物量、資金を使っての包囲戦」といった戦法を採るべきだというのです。

例えば、営業力や資金力が劣る中小企業が、アイデア一つでヒット商品を出したとします。すると、こぞって大企業が類似商品を発売してくるものです。しかも、豊富な資金力を背景に大量の広告を投入し、強力な営業力を使ってきます。こうなると、先発の中小企業は体力面で劣るため、次第に劣勢となってしまいます。

相手が差別化商品を出したとしても、同じコンセプト、同じ顧客をターゲットにした類似品を出すのです。

広告に投じる資金力や人員が豊富な〝強者〟が有利なことは、間違いありません。

【ああ、はかなし…】

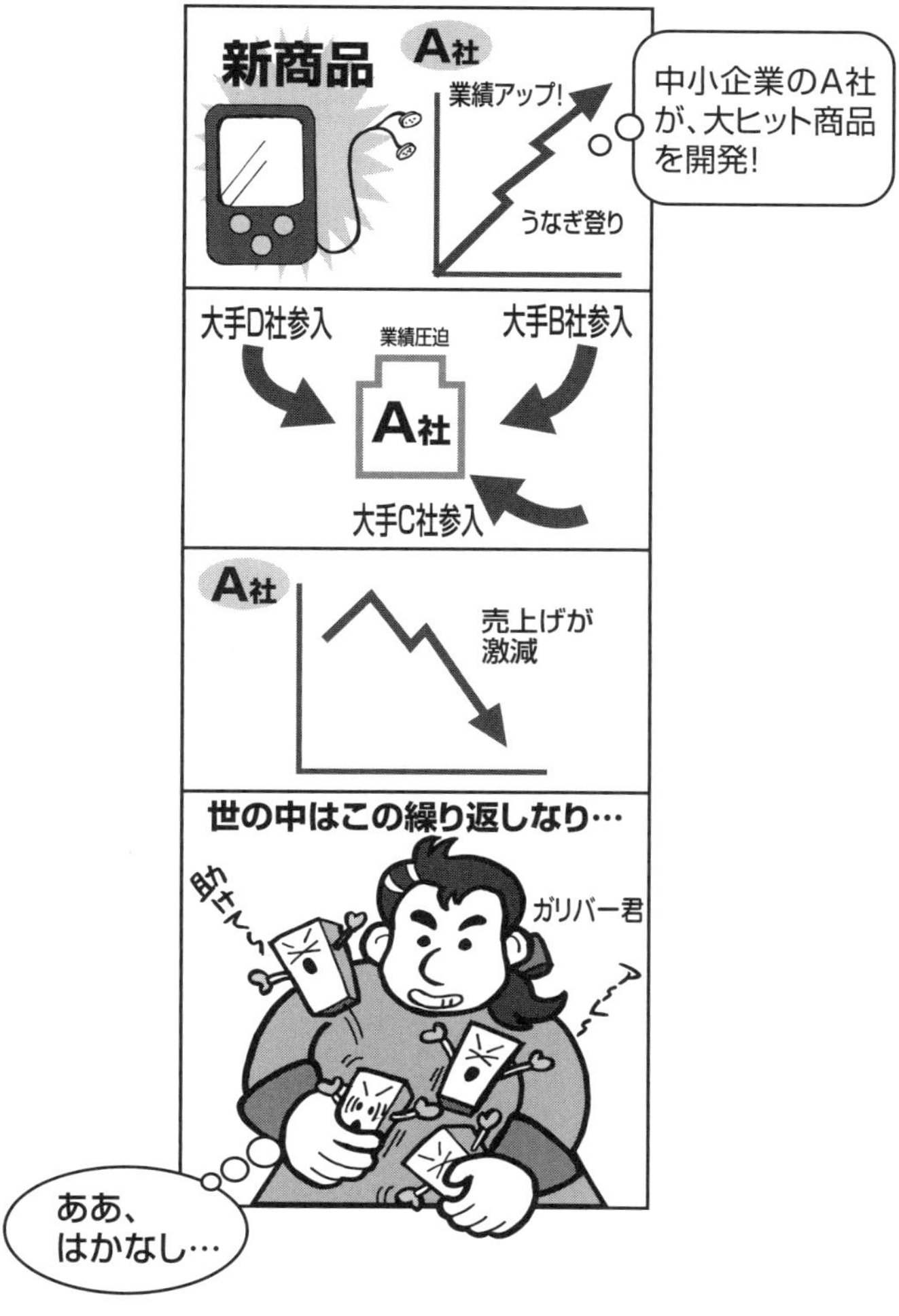
新商品
A社
業績アップ!
うなぎ登り
中小企業のA社が、大ヒット商品を開発!
大手D社参入
業績圧迫
大手B社参入
A社
大手C社参入
A社
売上げが激減
世の中はこの繰り返しなり…
助けて〜
ガリバー君
ア〜レ〜
ああ、はかなし…

13 死地に陥れて然る後に生く

現代訳

絶体絶命の窮地に自らの軍を追い込む。それでこそ、はじめて活路が開ける。

兵士は、危険な状況に追い込まれてこそ、死力を尽くし、勝利をつかむことができる。

逃げ場があると、必ずどこかに気の緩みが出てくる

◆「ここに骨を埋めるしかない！」と覚悟する

敵地深く侵入すれば、兵士は逃げ場がなくなるから、みんな死に物狂いで戦うようになると、孫子は言います。

そこで、戦いの前には自軍の船を焼き払い、鍋釜を打ち壊せという、いわば〝背水の陣〟を自ら演出し、兵士たちの死に物狂いの奮闘を求めるのです。

ビジネスでも、生活がかかっている人間の仕事に取り組む姿勢には、必死さが感じられます。

しかし、小遣い稼ぎのアルバイトやパートに、その必死さを求めるのは困難です。

◆社内ベンチャー制度に応募し、起業を果たす

大手商社に勤める青木剛さん（仮名）は、社内ベンチャー制度に応募しました。新ビジネスのアイデアを出し、企業内で創業するのです。

その後、青木さんのアイデアが認められて、晴れて創業社長に就任することになりました。

かつての部下の中からも、青木さんについてきて、創業に加わる人間も出てきました。

これを亡地に投じて然る後に存し、これを死地に陥れて然る後に生く。夫れ衆は害に陥りて然る後に能く勝敗を為す。（九地篇）

青木さんのベンチャー企業は、なかなか実績を上げることはできませんでしたが、バックに大手商社がついていることもあって、何とか事業は続けていました。

◆親会社と決別したことが好結果をもたらす

そして、事業がスタートして3年目。青木さんは驚くべき行動に出ます。親会社が出資している株式分をすべて買い取ると宣言したのです。

社員たちは驚きます。

「せっかく大手商社というバックがついていて対外的にも信用があるのに、なぜ？」

誰もが抱いた疑問です。

青木さんは社員たちに説きます。

「いつまでも親会社に頼っているから、我々は独り立ちできないんだ。大手商社の威光を笠に着て、どこかに甘えが残っている。それを断ち切らない限り、この会社は大きくなれない」

それでも納得しない社員もいます。どうしても納得できない社員は、もとの親会社に戻って行きます。

何人かの社員が残り、青木さんは残った社員たちとともに、ベンチャー企業を続けていきます。

親会社と決別した後、社員たちに危機感が生じ、これがいい結果をもたらします。

「親会社の庇護のもとにあったときは、甘えた気持ちが私や社員たちのどこかに残っていました。しかし、親会社と決別することにより甘えた気持ちを断ち切り、我々は、ようやく独り立ちができるようになりました」

一時期、社内ベンチャー企業が盛んに設立されましたが、成功したのはほんのひと握り。

青木さんのように、自らを〝死地〟に追いやる覚悟があってはじめて成功するのでしょう。

14 小敵の堅《けん》は大敵の擒《とりこ》なり

敵すれば、則ち能くこれと戦う。少なければ則ち能くこれを逃がる。若かざれば、則ち、能くこれを避く。故に、小敵の堅《けん》は大敵の擒《とりこ》なり。（謀攻篇）

現代訳

敵と互角の戦力なら、奮戦する。
敵と比較して劣勢なら、防御に徹する。
極めて劣勢なら、衝突を避けるようにする。
小さな戦力の軍は、大軍にとって格好の餌食となってしまうものだ。

勝算があるところと戦い、確実に勝利をものにする

◆大手に戦いを挑むとしたら……

別の項目のところでも、孫子は「勝ちやすきに勝つ」と説いています。

つまり、戦いは勝てる見込みの相手とだけ戦い、勝てる見込みのない相手との正面きっての戦いは避けるべきだというのです。

しかし、もしも大手に戦いを仕掛けるとすれば、〝ゲリラ戦〟に徹するしかありません。

◆巧妙な戦略で少しずつライバル会社のシェアを獲得

ある食品の宅配サービス業界のシェア争いでのことです。

ガリバー的な存在で、圧倒的シェアを占めるA社に新興のB社が挑みます。

資金力その他の戦力ではとうていかなわないB社は、A社との正面衝突を避けます。

A社が主に大都市の中心部にショップを構えるなら、B社はA社が参入していない中小の都市、そして、A社がショップを出している都市でも、A社のショップとテリトリーがあまり重

複しない箇所に出店していきます。

さらに、B社の巧妙なところは、A社ショップとのほぼ中間点、つまり、ぎりぎりのテリトリーが接する地帯に重点的に広告を投下したのです。そして、その地域に限り、採算を度外視した割引サービスも敢行。

この〝ゲリラ戦〟によって、少しずつA社のシェアを奪っていったのです。

そしてついには、A社の圧倒的な地位を脅かすまでにB社は成長していきました。

◆弱者は隙を突いたゲリラ戦に打って出る

では、自軍が弱ければ、逃げ回らなければならないのでしょうか?

孫子は、「逃げる」のも一つの戦法であり、弱い立場にある者でも、勝機を見つけて戦いを挑めばいいと説いています。

つまり、強大な敵の隙を突き、真正面から衝突するのではなく、ゲリラ戦に徹した戦い方をするのが「弱者」の戦い方なのです。

ビジネスでは、強者と弱者の立場ははっきりしています。シェアで勝る企業、強力な商品を持つ企業、全国展開する企業など、「戦力」を計るモノサシはいくつもあります。

すべての戦力面で自社を上回るライバル会社に、真正面から勝負を挑んでも勝てる見込みはありません。

そこで、相手の隙を突くゲリラ戦に打って出るのです。

「強大な相手の商品とは差別化した商品を開発する」「相手の営業が及ばないテリトリー外のところに拠点を築く」「ゲリラ的に広告・宣伝を行う」といった戦略です。

強大な「戦力」を持つ企業は、その多くが不特定多数を顧客対象としています。

そのため、広告媒体は新聞やテレビを使い、莫大な資金を投じて、広く「マス」（大衆）に訴えるようにします。

◆強大なライバルの鼻をあかしたビックカメラの奥の手

これに対して、資金力や営業力、社員数など「体力」が劣る企業は、同じような商品で、同じエリアで、同じような広告戦略を立てていたのでは、勝てるわけがありません。

家電量販店のビックカメラは、もともと群馬県高崎市を発祥の地としていました。

東京に進出したのは一九七八年のこと。池袋駅北口に支店を出しますが、このときすでに首都圏では、ヨドバシカメラやサクラ屋といった先発組がひしめき合っていました。

後発のビックカメラがまともに戦っては、とても太刀打ちできません。先発組は知名度も高く、莫大な広告費も投入しています。

そこでビックカメラは、閉店後、店内の作業を終え、従業員全員で高島平といった大型団地の全家庭の郵便箱や新聞受けなどに、チラシを投げ込みました。

この〝ゲリラ作戦〟が奏功し、次第に知名度をアップさせ、業績を伸ばしていきました。

後発であるがゆえに、新聞やテレビといった不特定多数の顧客に広告を打つのではなく、狭い範囲にピンポイントで広告を集中投下するという戦略を立てたのです。

広範囲をテリトリーとする強敵の隙間、死角を狙い、そこに戦力を集中することによって、勝利を収めることが可能となるのです。

終章

ますます好きになる！『孫子兵法』アラカルト

『孫子』が著された時代

『孫子』が著されたのは、今からおよそ2500年前の古代中国。時代は春秋時代末期で、100以上もの国家が群雄割拠し、戦争が絶えませんでした。

春秋時代は、紀元前770年に周という国が洛邑《らくゆう》に遷都したときからをいいますが、紀元前403年に晋《しん》が、韓《かん》、魏《ぎ》、趙《ちょう》の3つの国に分裂したときから戦国時代に突入します。春秋時代と合わせて春秋戦国時代ともいいますが、それだけ混乱した時代でした。

この頃から「鉄」が使われるようになり、物資の生産性が飛躍的に伸びます。それまでは人口も少なく、軍隊もせいぜい1万人単位。開戦にあたっては、使者が相手方に乗り込んで宣戦布告するのがならわしでした。

鉄が存在しなかったため、騎馬が使われることはあまりなく、木製の兵車による戦いが中心でした。

しかし、鉄が一般に普及するようになってからは、武器も急速に発達します。大掛かりな戦闘が繰り広げられるようになり、戦争も国家の存亡に関わるようになりました。

数多くの思想と兵法

世の中が戦争などで混乱を極めると、さまざまな文化が刺激を受けて花開きます。春秋戦国時代には、数多くの学者や学派を輩出しています。

これらを総称して「諸子百家」といいます。「諸子」は各学者、百家は学派を差します。

戦国時代に入ると、それまで100を超えていた国家も、7つの大国に集約されてきました。下克上《げこくじょう》の風潮が高まり、有用な人物を重用するようになります。その中から多くの学者が現れ、『孫子』以外にも、多くの思想書が残されることとなります。

学派には、儒家や道家、法家、兵家などが世に出ます。

儒家は、道徳的規範を世に広めようとした学派で、孔子の『論語』、『孟子《もうし》』『荀子《じゅんし》』などが残っています。

道家は、俗世から離れて自然な生き方を進めるもので、『老子』や『荘子』などがあります。

法家は、法を整備することによって社会の構築を目指しました。兵家が、戦争においていかに勝利するかを説き、その代表が『孫子』です。

兵法書はほかにも多数ある

中国では、『孫子』以外にも六書の有名な兵法書が残されており、『孫子』と合わせて『武経七書』と呼ばれています。

『孫子』が突出して優れているとされますが、『孫子』と並んで評価されている兵法書に『呉子《ごし》』があります。著者は呉起《ごき》で、孫武のあと100年ほど後の時代に活躍しました。『孫子』と『呉子』を並べて、『孫呉』と称されることもあります。

呉起は、春秋末期の衛《えい》という国に生まれ、立身出世を狙って各地を放浪します。魯《ろ》の国で将軍となり、その後、魏《ぎ》、楚《そ》に仕えます。76戦して64勝し、残りは引き分けたという優れた戦績を残しています。『呉子』は法治主義をベースにして、上下二巻から成り立ちます。

しかし、76戦64勝12引き分けという驚異的な戦績を残しながら、『孫子』ほど後世において評価されていないのはなぜでしょうか？

『呉子』は、実戦面での作戦・戦法についての記述が多く、現代では使えず、ビジネスや人生などへの応用が難しいのです。

それに比べて『孫子』は、戦争や軍隊における原理・原則を説き、今の時代にも十分応用が可能になっているのです。

著者、孫武の登場

紀元前500年頃から、呉《ご》という国が台頭してきます。長江《ちょうこう》（揚子江《ようすこう》）下流域を中心に発達しますが、闔廬《こうりょ》が王位に就いてから、急速に国力をつけます。

一つは、呉が伝統ある国家ではなく、身分の低い者も軍人に採用したため、兵員数で他国を圧倒したからです。もう一つの理由に、孫武を軍師として重用したことが上げられます。

孫武の出生についてははっきりしたことは不明ですが、斉《せい》の国に生まれ、兵法家として各国を渡り歩きました。

この時代、中国では身分制度がはっきりと固定されており、平民は軍人になれませんでした。平民出身の孫武は、他国で採用されることはありませんが、階級制度を乗り越えて、優秀な人材であれば平民でも積極的に採用した闔廬に見出されたのです。

このとき孫武は、闔廬に戦略書を献上しています。これが現存している『孫子』の原本です。

この歴史的事実は司馬遷《しばせん》の歴史書『史記《しき》』に記されていますが、孫武の記述はごくわずかで、ほかに記録がほとんど残っていなかったため、孫武自身の存在そのものが疑われた時期もありました。

『孫子』は、孫武の子孫の孫臏《そんぴん》という兵法家の著作ではないかという説も、根強く残っていました。

号令に従わない国王の寵姫を斬り殺す

『史記』には、孫武が闔廬に取り立てられたときの状況が生々しく描写されています。孫武に献上された兵法書を読んだ闔廬は、孫武に、

「試しに兵士たちを訓練して見せてくれ」

といいます。宮中の女性１８０人を訓練することになり、孫武は２つの隊に分け、それぞれに国王の寵姫《ちょうき》（主君のお気に入りの侍女）２人を隊長に任じます。そして全員に矛を持たせ、号令をかけます。

ところが、合図の太鼓を鳴らしても女性たちは笑うだけで、動こうとしません。孫武は、

「号令を出しているにもかかわらず、それに従わないのは隊長の責任だ」

とばかりに、国王の寵姫２人を斬り殺そうとします。闔廬は慌てて止め

ようとします。しかし孫武は、

「この隊の将は私です。国王の命令といえども、部隊のことに関してはお受けできません」

と、2人の寵姫を斬り殺してしまいます。後任の隊長に別の女性を任命し、再び号令をかけます。隊は今度は号令どおりに動きました。

これを機に、孫武は闔廬に取り立てられます。

呉を大国に押し上げる

孫武を将軍に取り立てた呉は、めきめきと頭角を現します。闔廬は内陸に位置する強国・楚《そ》を攻めます。順調に敵地内に侵入しますが、あるとき孫武は、

「これ以上の進撃は見合わせましょう。兵士も国民も疲弊して、さらに侵攻するのは時期尚早です」

と進言します。闔廬は、孫武の意見を聞き入れ、本国に帰還します。

3年後、今度は楚が攻めてきます。呉はこれを撃破します。さらに3年後、呉はますます国力をつけており、闔廬は楚を再び攻めようとします。「楚の国王は属国である唐《とう》と葵《き》に恨まれています。楚を攻撃するなら、この二国を味方につけた方が得策です」

この孫武の進言を闔廬は採用し、楚を打ち破ります。まさに『孫子』謀攻篇にある「其の次は交わりを伐つ」を具現化させたわけです。

こうして呉は、強国として名を馳せるようになります。しかし、闔廬の死後、呉の南に位置していた越《えつ》に滅ぼされてしまいます。

その間、孫武がどのような運命を辿ったのかは、わかっていません。

著者は2人いた？

謎に包まれている人物だけに、『孫子』の著者は孫武ではないという説、さらには、孫武その人は伝説上の人物で、存在しなかったのではないか、という説までありました。

孫武の時代から下っておよそ百数十年後、孫武の子孫といわれる孫臏《そんびん》が、兵法家として活躍しています。この孫臏は、350年頃に『孫臏兵法』を著しています。

『孫子』の著者が孫武であることに決着がついたのは、1972年のこと。山東省の銀雀山というところにあった前漢初期の古墳から、兵法書の竹簡《ちくかん》が数多く発見されたことによります。そこにこれまで知られていた『孫子』十三篇とともに、孫臏の兵法が別々に発見されたのです。

もっとも、現存する『孫子』は、孫武が原著を書いたものの、孫臏その他の兵法家によって、加筆されていったといいます。

三国志の英雄も愛読した

『孫子』は、時代が下っても多くの軍人たちの間で読まれ続け、戦いに役立てられてきました。そのいくつかを紹介しましょう。

孫武の生きていた時代からさらに下って三国時代。魏《ぎ》、呉《ご》、蜀《しょく》の強国がにらみ合いますが、魏の曹操《そうそう》は『孫子』の兵法に熱心で、すぐれた注釈書『魏武注』まで残しています。

曹操がとくに神経を遣ったのが、情報の収集と分析、そして、情報の秘匿《ひとく》です。これが見事に花開いたのが、北中国を制圧することとなった袁《えん》紹《しょう》軍との戦いにおいてです。

袁紹は70万もの大軍であるのに、自軍は7万の兵力しかありません。まともにぶつかっては勝てる見込みはありません。

そこで曹操は一計を案じます。袁紹の手下を手なずけ、食糧庫を探り出し、そこに奇襲をかけて焼き払ったのです。動揺した袁紹軍は10分の1の曹操軍の前に敗退しました。

曹操は敵情を探るだけでなく、自軍の動静を相手に探らせないように、細心の注意を払いました。

重要な作戦は、その立案にあたっては最小限の人間だけ立ち合わせ、作戦が決定した後は、その内容はわずか1人の部下だけにしか打ち明けませんでした。

日本にも伝わった『孫子』

『孫子』が日本に伝えられたのは、意外に古く、奈良時代とされています。遣唐使《けんとうし》によって持ち帰られ、日本でも研究され、実戦でも役立てられました。

平安時代後期の武将、源義家は大江匡房《おおえのまさふさ》に兵法を学んでいます。大江家は代々学者の家系で、遣唐使がもたらした『孫子』『呉子』を研究してきたといいます。

１０８３年に、奥州の豪族、清原一族が内乱を起こします。世にいう「後三年の役」ですが、このとき源義家はこの乱を平定しに、奥州へと出征します。

金沢の柵を攻めているとき、敵陣との間の草原の上を飛ぶ雁《がん》の群れが突然、列を乱します。義家は、

「これは、草むらに伏兵が潜んでいるに違いない」

と見破ります。

『孫子』の「鳥、起つ者は伏なり」をまさに実戦で役立てた例でしょう。

義家も、

「もし孫子の兵法を学んでいなかったら、伏兵に気づかず、負けていたかもしれない」

という言葉を残しています。

その後、後三年の役に勝利した義家は、これをきっかけに東国に基盤を築きます。これが、子孫である源頼朝が成立させることになる鎌倉幕府の礎《いしずえ》となります。

平家を滅ぼした『孫子』の兵法

平安時代末期の１１８４年、平家は勢いよく攻めてくる源氏のために、都落ちを余儀なくされます。

しかし、このまま平家も引っ込んでいるわけではありません。瀬戸内海で態勢を整え、勢力を盛り返し、京の都を再び目指します。今の神戸市あたりの一ノ谷に陣を張り、進撃の準備にとりかかります。

ここで源氏の大将、源義経はわずか70騎で、平家5万の大軍を打ち破る活躍を見せました。

平家は鵯越《ひよどりごえ》という断崖《だんがい》絶壁を背景に陣取り、源氏の軍勢と対峙します。義経は、平家軍に対峙する自軍本体を部下に任せ、わずか70騎を率いて鵯越に立ちます。

足元には断崖が広がり、その下には平家軍が陣営を広げています。「とても馬が駆け下りることは困難だ」と、誰もが思いました。

この思いは平軍も同じで、厳しい断崖がそびえる背後から敵襲があるとは、夢にも思っていなかったでしょう。平軍の注意は、前方の源氏本隊にのみ向っています。

義経軍は、馬で駆け下りるのは不可能と思われたその崖を駆け下りて、奇襲をかけます。不意を突かれた平家軍はパニック状態に陥り、敗走します。『孫子』虚実篇の「実を避け虚を撃つ」のとおりにやってのけて成功した例でしょう。

もう一つ見逃してはならないのが、源氏に圧倒的な「勢」があったということです。まだ強大な戦力を有していた平家軍ですが、敗戦に次ぐ敗戦で「勢」を失っていたため、浮き足立っていたのです。

これは、富士川の戦いにも表れています。富士川に陣取っていた平家軍ですが、そこに源氏の斥候隊《せっこうたい》、いわゆる少数の偵察隊が近寄ります。富士川べりに陣取っていましたが、源氏の斥候隊に驚いた水鳥がいっせいに飛び立ちます。そのとき、平家軍は敵の襲撃と思い込み、慌てて敗走したのです。

このような状況で、ますます平家軍の勢いは失われ、源氏の勢いは増していきました。

ゲリラ戦に『孫子』の思想を活用する

ベトナムのホー・チ・ミン市は、1976年まではサイゴンという名称でした。

その名は、ベトナム独立の英雄ホー・チ・ミンにちなんでいます。ホー・チ・ミンは、若い頃から中国やフランス、ソビエトなど各国を転々とします。そこで『孫子』をはじめとする兵法やゲリラ戦について学びます。目的は、ベトナムの独立です。

太平洋戦争（第二次世界大戦）が終了し、日本軍が撤退した後、ベトナムは、ベトナム民主共和国臨時政府を樹立。ホー・チ・ミンが大統領となります。

しかし、旧宗主国であるフランスが、再びベトナムを植民地化しようとやってきて、ベトナムのフランスに対する独立戦争が始まります。

フランス軍は、ベトナムの西北、ディエンビエンフーに最大拠点を築き上げます。1万6000もの兵と強力な火力、空軍力で守備は万全と思われました。

「難攻不落だ！」と胸を張る軍関係者に、新聞記者が、遠くの山を指差しながら質問します。

「でも、あの山の上から砲撃でもされたら、ここはひとたまりもないのでは？」

兵士は笑いながら答えます。

「あの山から砲撃するには、75ミリ砲が必要だが、一門を山頂に引き上げるには、おそらく一個連隊は必要だろう。ベトミン軍は１００キロも離れたところにいて、ここまで運べるはずがない」

兵士の表情は「素人はバカなことを考える」とでも言いたげでした。

１９５４年3月、戦闘が切って落とされます。

しかも、「素人」であるはずの新聞記者が危惧《きぐ》したとおり、フランス軍基地は山頂からの砲爆にさらされることになります。

ベトミン軍は、拠点であるトンキンデルタから、大砲に加え、高射砲まで運んでいたのです。砲はすべて一度解体され、夜行軍で人の力で運ばれました。

その運搬だけで、男女を問わず20万人を動員。思わぬところから攻撃を受けたフランス軍はなすすべもなく、ディエンビエンフーは呆気なく陥落してしまいました。

ベトミン軍は、まさにフランス軍の「虚」を突き、成功したのです。

これをフランス軍からの視点で見ると、

「まさか、こんなところからは攻撃してこない」

という油断があったことは否めません。

『孫子』の「九変篇」にある、「用兵の法は、その来らざるを恃《たの》むこと無く、吾が以て待つ有るを恃むなり」にある教えを守らなかったことに、フランス軍の敗因がありました。

さらにフランス軍は、敵を過小評価していたというそしりを免れないでしょう。

『孫子』の「彼を知り己を知らば、勝ち、乃《すなわ》ち殆《あや》うからず。天を知り地を知らば、勝ち、乃ち全《まった》がる可し」（地形篇）の精神を知らなかったということになります。

『孫子の兵法』は人間の本質をえぐり出している！――あとがきに代えて

『孫子の兵法』が、長きにわたって読まれ続けているのは、結局のところ、「戦争」における戦略や駆け引きが「人間の本質を突いている」というところに大きな理由があります。

そのため、戦争のみならず、出世競争、企業間の競争、恋愛、スポーツ、賭けごと……と、人生のあらゆる競争や人間関係に応用できるようになっているのです。

これらはすべて人間が行うことであり、人間と人間の関係にほかなりません。『孫子』の教えが、人生のあらゆる局面に参考になり、指針を示してくれるのです。

『孫子』の解釈はさまざまで、その使い方も十人十色でしょう。

２５００年前の古人の知恵をどう役立てるかは、あなた次第です！

２００８年９月吉日

現代ビジネス兵法研究会　紀ノ右京

［著者略歴］

現代ビジネス兵法研究会

◎——ビジネスの成功法則を「孫子の兵法」の視点から研究・分析を行う。会社経営者、銀行マン、商社マン、弁護士、公認会計士、編集者、ファイナンシャルプランナー、学生、主婦など会員はさまざま。経済ライター・紀ノ右京が主宰。

紀ノ右京（きの・うきょう）

◎——1962年生まれ。大学卒業後、1985年より出版社勤務。ビジネス雑誌の編集を15年間務め、多くの経営者やビジネスマンを取材する。2000年に独立し、「現代ビジネス兵法研究会」を設立。孫子やビジネス書に関する著書多数。

なるほど！「孫子の兵法」がイチからわかる本

2008年　9月27日　第 1 刷発行
2013年　12月　9日　第 21 刷発行

著　者——現代ビジネス兵法研究会

発行者——徳留慶太郎

発行所——株式会社すばる舎

〒170-0013 東京都豊島区東池袋3-9-7 東池袋織本ビル
TEL　03-3981-8651（代表）
03-3981-0767（営業部直通）
FAX　03-3981-8638
URL　http://www.subarusya.jp/
振替　00140-7-116563

Subarusya

印　刷——株式会社シナノ

ISBN978-4-88399-749-7 C0030